JN025199

今日から
モノ知り
シリーズ

トコトンやさしい
熱設計の本
第2版

国峰尚樹
藤田哲也
鳳　康宏

電子機器の熱設計について、「熱はエネルギー」「熱伝導の正体」といった基本から説き起こし、「どのようにして電子機器の熱を冷ますのか」までを丁寧に図解で解説。熱計算や熱シミュレーションを行う前に、熱の仕組みと熱設計の本質をしっかりと理解できる、楽しく読めて実務にも役立つ本。

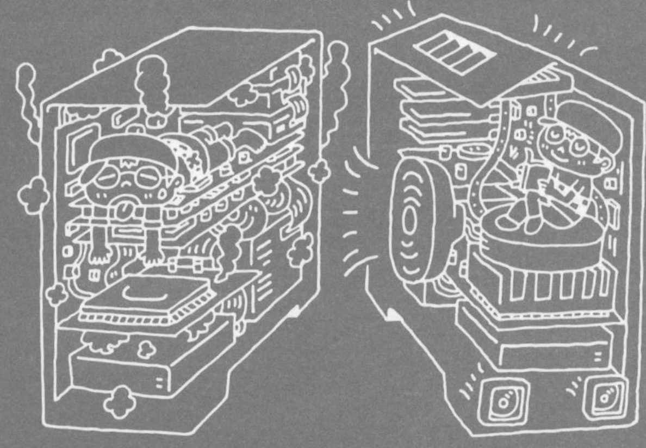

B&Tブックス
日刊工業新聞社

はじめに

「数式を使わず、絵で理解でき、実践にも役立つこと」をめざして執筆した前著「トコトンやさしい熱設計の本（初版）」は、たくさんの方にご愛読いただき、多くのご感想、ご意見を賜りました。

出版から十余年が経過し、熱問題はますますひろがりを見せています。初版ではあまり触れなかったプリント基板や筐体を使った放熱は今や不可欠になっていますし、自動車では「熱を制するはEVを制す」とまで言われています。サーマルマネジメントは機械屋、電気屋はもちろん、ソフトウエア技術者をも巻き込んだ中核技術になり、だれもが熱に関してある程度の知識を持たないと製品開発がおぼつかない時代になっています。

こうした状況の中、日刊工業新聞社より「トコトンやさしい熱設計の本　第2版」の企画をいただきました。「門外漢にもわかるやさしいガイドブック」を目指した本書こそ、まさにこの時代に求められる一冊であると確信し、改訂にとりかかることにしました。

今回も、現役のPlayStation®開発リーダである鳳氏、熱、EMC、実装技術全般に深い知識を持つ藤田氏に執筆を依頼しました。相変わらず、執筆スタイルは三者三様ですが、初版の雰囲気をそのままに、最近の製品に則した内容にブラッシュアップしました。これまで頂いたご意見にもとづき、やや難しかった数値計算やシミュレーションに関する章は別の内容に置き替えました。

初版に対して大きく追加・修正したポイントは次のとおりです

・そもそも、熱ってなに？（第1章）を最初に移動し読みやすくした
・電気製品はなぜ熱くなる？熱いとどうなる？（第2章）を全面改訂した
・熱放射の活用に関する記述を追加した（第3章）
・基板の熱設計に関する章（第5章）を追加した
・熱設計事例の題材をPlayStation®3からPlayStation®5にアップデートした（第8章）

本書の構成と執筆者は次のとおりです。

序章（鳳）は「熱設計とはなんぞや」という基本について、難しく捉えている方々の肩の力を抜くことを目的とした章です。
第1章（鳳）は、熱の基本原理のなかで、設計に使える便利な部分だけを抽出してわかりやすく解説した章です。
第2章（鳳）では、電子機器と熱との関わりをやさしく説明しました。熱を考えることの大切さを知って頂く章です。
第3章〜第4章（国峰）では、熱設計に必要な常套手段について解説しています。熱設計を担当される方には基礎知識となる内容をまとめた章です。
第5章（藤田）では基板を放熱器として活用する方法や部品熱対策の検討手順、実装上の注意点など基板の熱設計のポイントについて解説しました。
第6章（鳳）では、新しい冷却デバイスについてその原理や使い方をやさしく解説しました。
第7章（藤田）では、製品の信頼性保証で重要な「温度測定」について解説しました。現場で作業

を行う際の泥臭い話も交え、より実用的な話を入れました。
第8章（鳳）は、PS5を例にして、「熱設計とはどんな手順で何を考えるか」を解説しました。具体的な数字をもとに、冷却能力を決める手順を簡潔に説明しており、業務で設計を担当されている方には是非読んで頂きたい章です。

「わかりやすさ」を重視したため、理論的には厳密さを欠く記述も多々あります。また、それぞれが書きたいことを自分流の個性で執筆したため、硬軟織り交ぜた一冊に仕上がっています。少しでも「熱」を身近なものに感じ、製品設計に活用して頂ければ幸いです。
最後に、貴重な写真・文献・資料・データを提供して下さった多くの企業の方々、そして有益な助言を頂いた日刊工業新聞社出版局の鈴木徹氏に心から感謝いたします。

2023年7月28日

執筆者代表　国峰尚樹

目次 CONTENTS

序章
そもそも、熱設計とは？

1 熱設計ってなに？「「熱対策」との違い」……10
2 「だいたいどのくらいか」で十分！「各種仕様から事前に見積る」……12

第1章
そもそも、熱ってなに？

3 そもそも、熱ってなに？「熱の単位は？」……16
4 熱とは「エネルギー」です「1Jのエネルギーにできること」……18
5 エネルギーは発生も消滅もしない「エネルギー保存則」……20
6 熱エネルギーも他のエネルギーと同じ「エネルギー保存則」……22
7 では、温度ってなに？「熱と温度の違い」……24
8 電化製品の中のエネルギーの流れ「エネルギー保存則は絶対！」……26
9 熱も水が流れるが如く「熱力学第二法則」……28
10 温度が上がるしくみ「温度上昇と定常状態」……30
11 冷却機構とは「熱を「消す」ではなく「運ぶ」」……32
12 熱の移動手段は3通りだけ「熱伝導・熱伝達・熱放射」……34
13 固体の中を移動「熱伝導と熱伝導率」……36
14 流体と一緒に移動「熱伝達と熱伝達率」……38
15 熱伝達率の求め方「状況によって変わる状態値」……40

16 宇宙に広がる太陽の熱「熱放射と熱放射率」……42

第2章
電気製品はなぜ熱くなる？熱いとどうなる

17 熱の正体「熱は原子や分子の振動」……46
18 電流が熱に変わる仕組み「電子の衝突が原因」……48
19 熱いとどうなる？①「一発で壊れる」……50
20 熱いとどうなる？②「徐々に壊れる」……52
21 熱いとどうなる？③「やけどする」……54
22 LEDランプ「小さいものは冷やすのが大変」……56
23 電源ユニット「高効率化で発熱（＝損失）を減らす」……58
24 屋外に設置するもの「断熱して熱を中に入れない」……60
25 発熱量が変動するもの「受動部品と能動部品」……62
26 測定温度と環境温度「製品保証の最高温度でも大丈夫？」……64
27 動作温度と保存温度「輸送中や保管中も大丈夫？」……66

第3章
熱の通り道を広くする

28 熱の通り道「熱はどこを通って逃げるのか？」……70
29 熱のメインストリートは2つ「製品ごとに選ぶ道は異なる」……72
30 熱の通り道の広さ・狭さは「熱抵抗」でわかる「熱設計に不可欠な「熱抵抗」」……74

31 熱設計とは放熱路を目標温度になる「道幅」にすること「熱設計と目標熱抵抗」……76
32 フィンを設けて放熱面積を増やす「放熱器による伝熱面積の拡大」……78
33 熱を拡散して冷やす「ヒートスプレッダを活用しよう」……80
34 筐体に熱を逃がす！「筐体は最強のヒートシンク」……82
35 意外と知らない「熱放射」の活用「塗っただけでこんなに下がる！」……84
36 アルミ筐体より樹脂筐体のほうが冷える？「密閉筐体は熱放射で差が出る」……86

第4章 風を吹いて冷やす ―熱の通り道を「高速道路」にする

37 風が吹くとなぜ冷える？「温まった空気の「まとわりつき」をなくす」……90
38 扇風機は「風速」、換気扇は「風量」「ファンを2個にしても風量は2倍にならない」……92
39 目標温度から換気ファンを選定する「流路抵抗と必要風量」……94
40 扇風機としてのファン性能を引き出す「ファンの排気側と吸気側」……96
41 ファンはプルとプッシュを使い分ける「ファンを置くのは排気側と吸気側か」……98
42 ファンは静かに使いましょう「ファン騒音の低減」……100
43 ファンはなくても空気は動く「煙突効果を活用しよう」……102

第5章 基板を使って温度を下げる

44 基板の熱設計ってどうやるの？「基板熱設計の第一歩」……106
45 チップ部品は自分を冷やせない？「冷却は基板頼みの部品」……108
46 基板の放熱性能ってどうなの？①「基板の放熱性能を左右するのはなに？」……110
47 基板の放熱性能ってどうなの？②「基板の熱伝導率ってどう計算するの？」……112
48 基板はヒートシンクだけじゃない「基板を使って温度を下げる場合の注意点」……114

第6章 奥の手で冷やす

49 水冷にすればよく冷える？「水冷といっても結局は空冷」……118
50 熱伝導率無限大の魔法の棒「ヒートパイプ」……120
51 ヒートパイプの使い方「PS5®での実装例」……122
52 冷たい空気の作り方「冷熱サイクル」……124
53 クーラー、冷蔵庫のしくみ「気化熱」……126
54 熱を逆流させる電子デバイス「ペルチェ素子」……128

第7章 温度の測り方

55 製品の温度の測り方「目的に応じた測定準備」……132
56 熱電対温度計とその使い方「熱電対の測定原理」……134
57 放射温度計とその使い方「放射率設定の重要性」……136

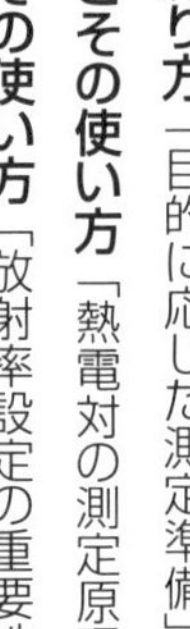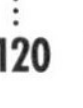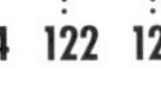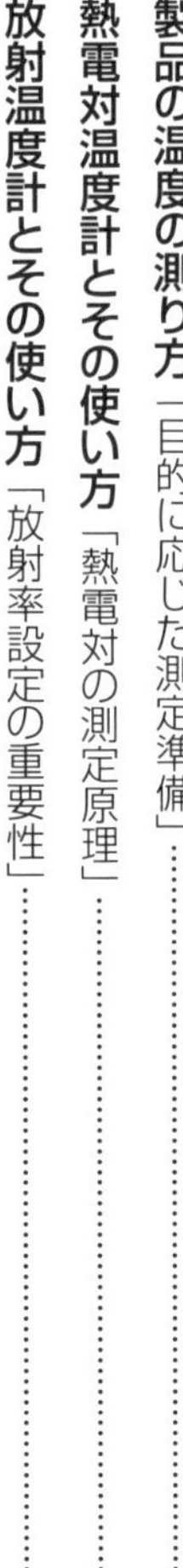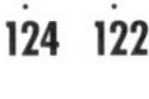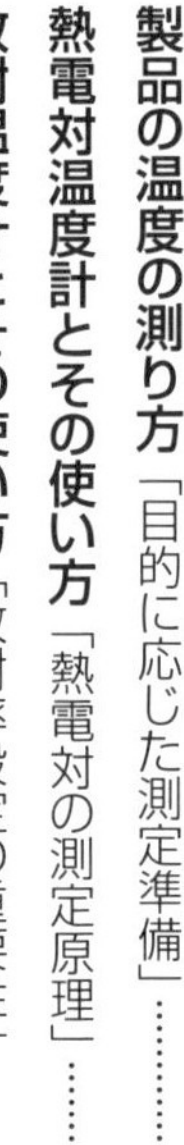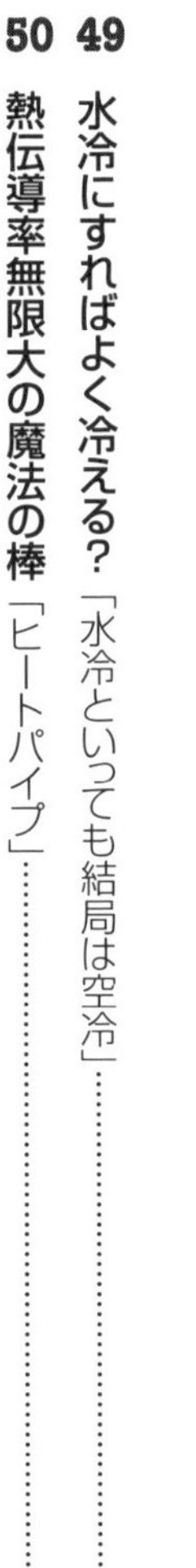

58 測定誤差を小さくするには？「誤差要因の把握」……138
59 チップ部品の温度を測るには「小さなチップ部品の温度測定」……140

第8章 開発現場の熱設計

60 ゲーム機の熱設計をしてみよう「開発現場の熱設計」……144
61 熱設計で最初にやること「密閉しちゃって大丈夫？」……146
62 外装表面からの放熱量「足りない分は換気が必要」……148
63 ファンの性能と箱の空気抵抗「P-Q線図」……150
64 いろいろなファン「各種ファンのP-Q特性」……152
65 ファンの選定方法「熱設計では最初にファンを決める」……154
66 自然換気か強制換気か「煙突効果による換気量」……156

【コラム】
●単位は重要！……44
●実装技術ってなに？……68
●エネルギーの話……88
●熱設計とEMC……104
●ネジ・ギヤ・ヒートパイプ……116
●手計算のススメ……130
●開発体制・チームワーク……142

参考文献……158

そもそも、熱設計とは?

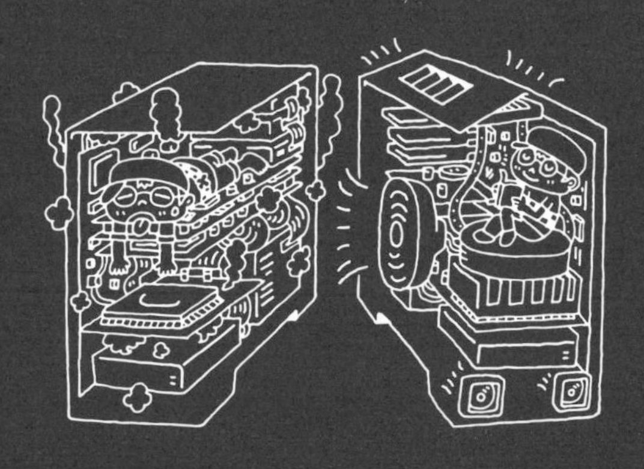

1 熱設計ってなに?

「熱対策」との違い

「熱設計」というと、どのようなイメージをお持ちでしょうか?

この本の読者の皆さんは、電気製品の設計に興味のある方だと思いますので、最初は「こういう製品がほしい…」といった話からはじめることになると思います。

次にどうしますか? **とりあえず動くものを試作しちゃう?** 試作品が完成したら、とりあえず動かしてみて、機器内部の温度を測定し、各部が許容温度以内であればOK?

もしどこかが許容温度を超えてしまっていたら、アッチッチになっている部分を冷やさなきゃ!ということで慌てて風穴を開けたり、ファンを付けたり。

実際にこういった進め方をしている現場って結構多いのではないでしょうか。

電気製品売り場に行くと、文字通り「取って付けたようなファン」が付いていたり、「慌てて開けたような風穴」が開いていたりする製品をよく見かけます。

これは「熱設計」ではなく「熱対策」です。

「対策」っていうくらいですから、実際に熱で問題が起きて、それを解決するために、後からとる行動のことですね。

「モノを作ってみて、ダメだったら対策する」

長年「熱の問題」は、このやり方で何とかなってきました。

しかし最近は、発熱量の増大や製品の小型化によって、ちょっとした対策では解決できない事態が多発しているようです。

まあ、「熱対策」によって問題が解決されればまだマシです。

例えば、「商品企画の段階で構想に無理があって、どんな対策をやってもまったく冷えない!」なんて事態に陥ったら最悪です。企画の段階まで戻ってイチから検討しなおすか、もしかしたら企画中止になってしまうかもしれません。

要点BOX

- 「熱設計」と「熱対策」は違う
- 熱設計が原因で製品が作れなくなることもある

行き当たりばったりな開発

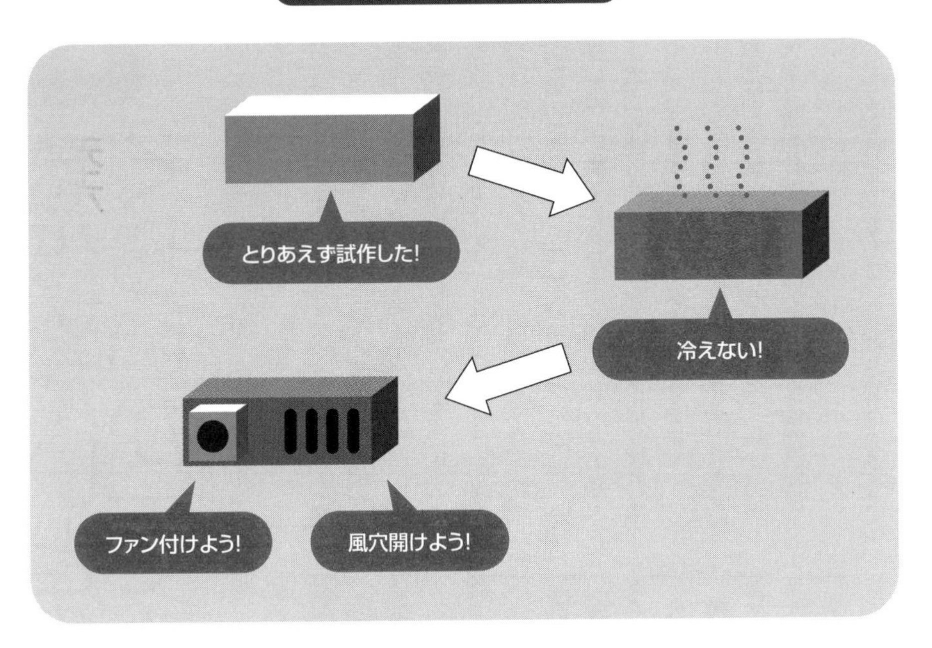

無理のある企画仕様

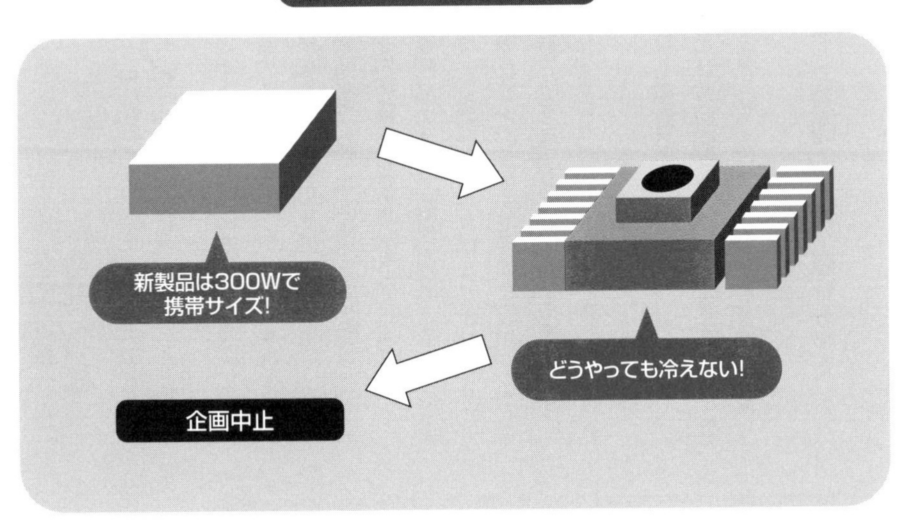

2 「だいたいどのくらいか」で十分!

各種仕様から事前に見積る

こういった事態を避けるためには、事前に準備しておくことが大事です。

「大体このくらいの製品サイズで、このくらいの発熱量」という要求仕様に対して、大体どのくらいの冷却が必要かを、事前に見積っておくのです。

この時点では精度は必要ありません。本当に、「**だいたいどのくらいか**」でよいのです。それこそ「桁が合っていればよい」くらいの気持ちでも構いません。

この「事前の見積り」が「熱設計」です。

そんなに難しい話ではありません。いくつかの基本と簡単な数式を学び、表計算シートか何かを作れば、色々なパターンに応用できる計算書が作れます。

見積りに必要な情報はそんなに多くはありません。まずは技術的な情報から押さえましょう。

最も大事な情報は、その製品の**使用温度**（環境温度）ですね。

商品として動作を想定している温度範囲があると思います。その中で最も高い温度の値を使います。なぜなら、最悪の条件でもちゃんと動作するように設計しなければならないからです。

次に製品の**発熱量**。製品全体の総発熱量と、主要部品の各々の発熱量もわかるとよいでしょう。

そして、主要部品の各々の**耐熱温度**。これらが上限を超えないように設計しなければなりません。

次に、この製品がどのような商品なのか、という商品企画的な観点から要求される仕様もあります。

製品サイズは小さければ小さいほどお客様に喜ばれるでしょう。

外装表面温度も重要です。

携帯機器などは長時間連続して触りますので、低温やけどなどしないような温度にしておく必要があります。

ファンを搭載した製品であれば、**騒音**も小さい方がよいでしょう。

要点BOX

- ●「設計前のだいたいの見積り」が熱設計
- ●最も重要なのはその製品の使用温度
- ●熱設計に必要な情報はそんなにない

熱設計とは「だいたいの見積り」

どうやって冷やそうかな?

何℃くらいになるかな?

ファン必要かな?

放っておいても
冷えるかな?

風穴必要かな?

技術仕様より
・製品の使用温度
・発熱量
・各部品の耐熱温度

商品仕様より
・製品サイズ
・外装表面温度
・騒音
・使用環境温度

これをシッカリやっておくと、あとあと
「にっちもさっちもいかなくなる」ことを防げます。

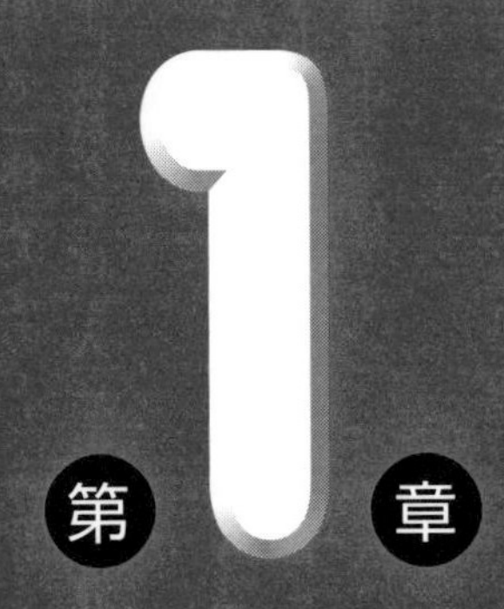

第1章

そもそも、熱ってなに?

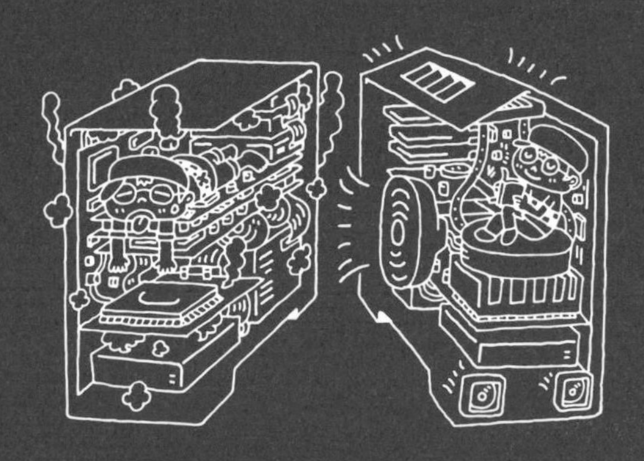

3 そもそも、熱ってなに？

「熱い」「暑い」「温かい」「熱っぽい」いずれも熱があるから感じる現象ですね。

「熱」って一体なんなのでしょうか？ たしかに熱いお湯の中には熱がいっぱい入っているような感じはしますけど。

まずは「熱とはなんぞや？」という基礎の部分から始めましょう。中学や高校の教科書に載っているような、基礎中の基礎です。

現在すでに設計の業務に携わっているエンジニアの方々などは「え？そこから！？」と思われるかもしれません。

そんなあなたに質問です。

「熱の単位はなんですか？」

「℃！」と答えた方！そんなあなたにこそぜひ読んで頂きたい章です。

「℃」は温度の単位です。

温度とは、水が凍る温度を0℃、沸騰する温度を100℃として設定された、熱いか冷たいかを表す指標です。熱と温度は違います。熱がたくさんあっても温度が低いこともあるし、熱が少ししかなくても温度が高いこともあります。

では次の質問。

「温度と熱の違いはなんですか？」

温度は温度計で測るけど、熱は体温計で測る？面白い！……ですが間違いです。

これに明快に答えられれば、熱に関して、かなり正確に理解していると言えるでしょう。

また、この本で伝えたいことの半分は理解できていると言ってよいでしょう。

要点BOX
- ●熱と温度は違う
- ●温度の単位は「℃」

熱ってなに？

熱い!
熱を感じる

熱の単位は？

温かい
何度℃?
(温度計)

熱を測るのは体温計？

熱がある!
何度何分?
(体温計)

熱と温度って何が違うの?

4 熱とは「エネルギー」です

「熱」とはエネルギーです。

エネルギーは色々な形態で存在しており、そんな色々な形態のうちの1つです。

運動エネルギー、電気エネルギー、光エネルギー、そして熱エネルギー。他にもさまざまな形態で、エネルギーは存在しています。

エネルギーの単位は「J」（ジュール）です。

どんな形態のエネルギーでも、その量の大小はこの単位で語ることができます。

では、１Jのエネルギーって、どのくらいでしょうか。どのくらいの仕事ができるのでしょうか？

例えば、**１Jのエネルギーは、１Nの力で物体を１m移動させることができます。**

地球上で約１０２gのボールを持っているとき、手の下方向にかかる力が約１Nです。

このボールを１mだけ上に持ち上げましょう。

このとき、あなたの腕は１Jのエネルギーを使ったことになります。

また**１Jのエネルギーは、１gの水の温度を、約0・24℃上昇させることができます。**

18℃のお風呂の水２００ℓを、24℃上昇させて42℃の湯加減にするエネルギーは、２０００万Jです！これは、10kgの米袋を20万袋、１mの机の上に持ち上げるエネルギーと同じです。

時速１００㎞で走っている重量１５００kgの自動車が、ブレーキをかけて止まったとき、失われた運動エネルギーは約58万「J」です。先ほどのお風呂の水温は約０・７℃しか上げられません。

熱を発生させるって、大変なことなんですね。

１Jのエネルギーにできること

要点BOX

- ●熱とは「エネルギー」である
- ●エネルギーの単位は[J]
- ●１Jの仕事量の目安はいろいろ

いろんなカタチのエネルギー

他にもいろんな形態に姿を変えます

1Jのエネルギーにできること

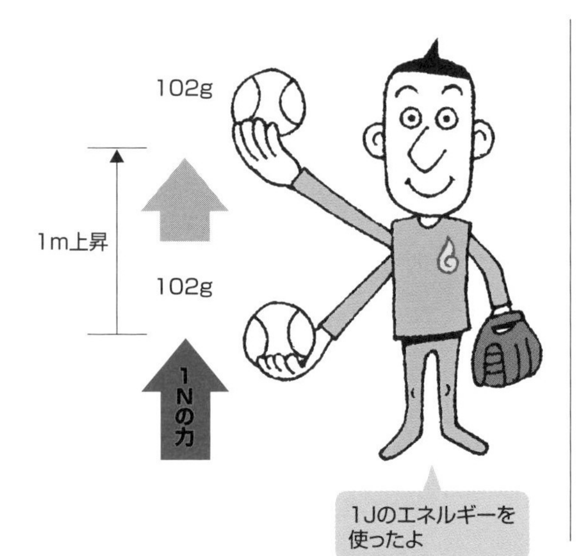

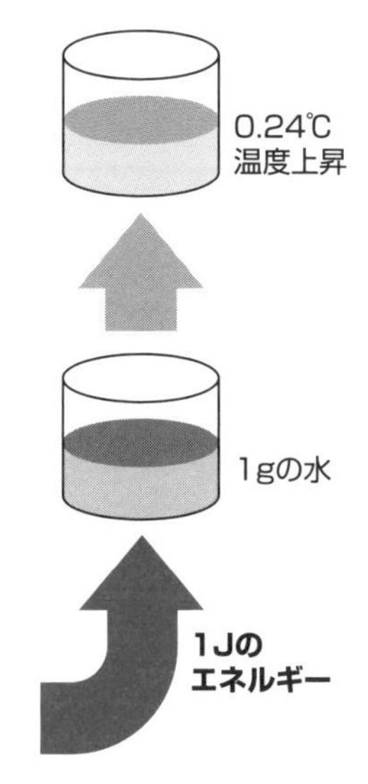

5 エネルギーは発生も消滅もしない

エネルギー保存則

熱に限らず、すべてのエネルギーは、

なにもないところからいきなり発生したり、この世から消えてなくなったりは絶対にしません。

移動するか、他の形態のエネルギーに変換されるかのどちらかなのです。

例えば1Jのエネルギーで物体を移動させた場合、この仕事をしたことで、エネルギーが消滅したわけではないのです。

エネルギーを使って物体を持ち上げたのなら、位置エネルギーというカタチで物体に保存されているのです。

エネルギーを使って物体を加速させたのであれば、運動エネルギーというカタチで物体に保存されているのです。

また、床の上に置いてある重いタンスを100Nの力で1m動かしたなら、床とタンスの間で100Jに相当する摩擦熱が発生しているはずです。

床で発生した熱は、部屋の中の空気に放出されるでしょう。部屋の中の気温は100J分だけ上昇しているはずですね。

ちなみに4畳半の部屋で計算すると、空気温度上昇は約0・0056℃です。

ほとんど変わりませんけどね。

部屋の体積
= 3.3[m^2/坪] / 2[畳/坪] × 4.5[畳] × 2[m](天井高さ)
= 7.425[m^2] × 2m = 14.85[m^3]
空気密度1.2[kg/m^3]
定圧比熱 1007[J/kg・K]
Δt=100[J] / (14.85[m^3] ×1.2[kg/m^3] ×1007[J/kg・K])
=0.0056[℃]

要点BOX
- エネルギーは形を変え続けて存在する
- 熱の発生や上昇もエネルギーの姿が変わったもの

力学的エネルギーの保存

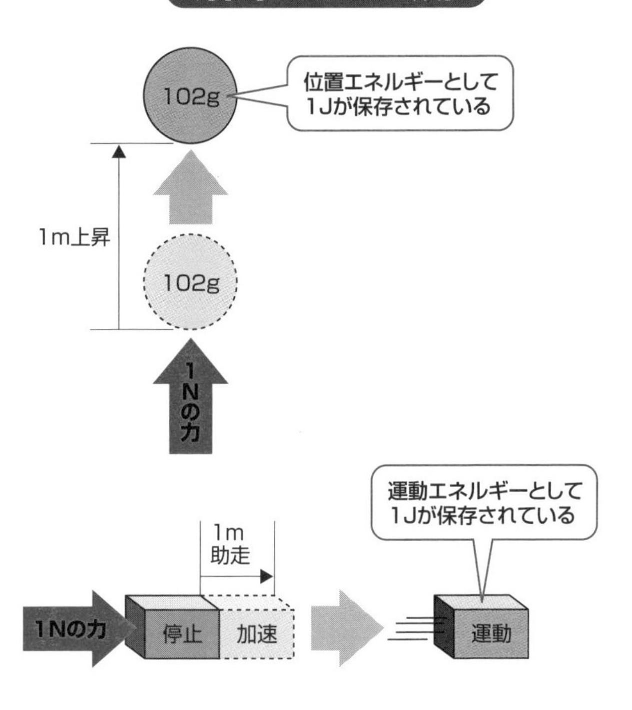

タンスを動かした場合のエネルギーの流れ

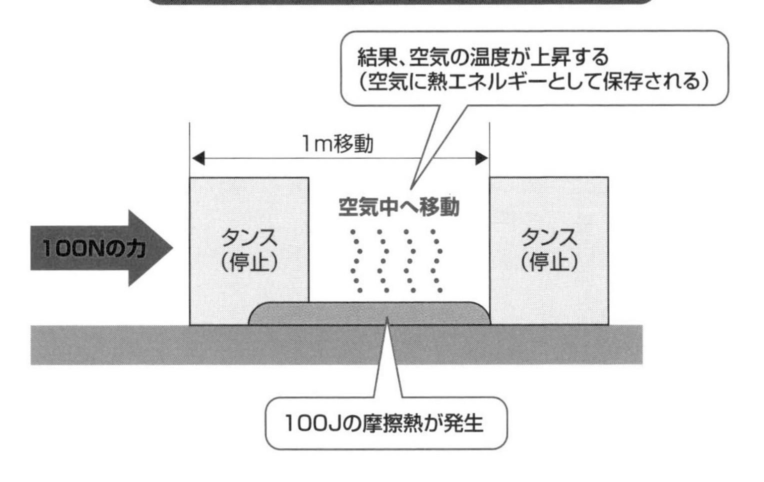

6 熱エネルギーも他のエネルギーと同じ

エネルギー保存則

エネルギーが発生も消滅もしないということは、1Jのエネルギーが、1gの水の温度を約0・24℃上昇させる場合の例でも同じことです。

これも、水の温度を上昇させて1Jのエネルギーが消滅したわけではありません。水の中に、「熱エネルギー」として貯蔵されたのです。

このように、エネルギーは絶対に消えてなくなったり、何もないところからいきなり発生したりはしないのです。どこかに、なんらかのカタチで、必ず保存されているのです。

これが『エネルギー保存則』です。

もっとも重要な考えです。

熱力学の世界では「**熱力学の第1法則**」とも呼ばれています。

エネルギーには色々な種類があり、移動したり変換したりすることができます。人類はこれをうまく利用して、色々な道具を作ってきました。

木の回転運動を摩擦熱に変換し火をおこしました。その燃焼という化学反応から熱エネルギーを取り出し、その熱エネルギーから電気エネルギーを作り出す、火力発電所を作りました。

水力発電所では、ダムに貯めた水の位置エネルギーを電気エネルギーに変換しています。

電気エネルギーを電熱線に流せば、熱エネルギーに変換されます。

アインシュタインによると、物質の質量自体もエネルギーだそうです。そのエネルギー量を表す公式が、かの有名な「$E=mc^2$」です。

物質の質量を核分裂反応でエネルギーに変換し、膨大なエネルギーを得るのが、原子力発電所や原子爆弾です。

●熱も他のエネルギーと同じで、これを「エネルギー保存則」、あるいは「熱力学の第1法則」と呼ぶ

1Jの熱エネルギーとは？

1gの水

0.24℃温度上昇

1Jのエネルギー

熱エネルギーとして1Jが保存されている

エネルギーのカタチを変えてうまく利用

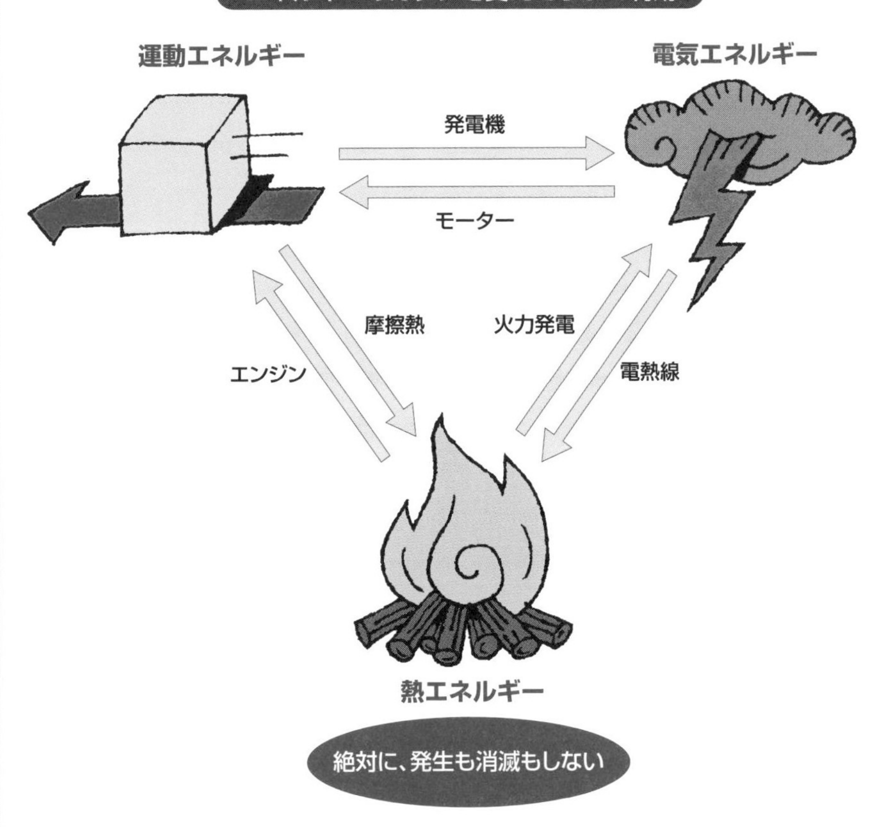

絶対に、発生も消滅もしない

7 では、温度ってなに?

さて、冒頭の「熱の単位は?」という質問に、「℃」と答えたあなた!

熱はエネルギーであり、単位はJであることがイメージできましたでしょうか。

では、温度とはなんでしょう?

「熱い」「冷たい」ってなに?

温度とは熱エネルギーの密度のようなものです。

同じ熱エネルギー量でも、狭いエリアに集中すれば温度が高くなりますし、広く分散すれば温度が低くなります。

ただそれだけのことなんです。

温度とは、熱エネルギーの濃い・薄いによって現れた、単なる現象にすぎないのです。

とある大きさのエリアに、とある量のエネルギーが注入された場合、注入されたエネルギーと、そのエリアに保存されたエネルギーは必ず一致します。

もし、エネルギーがどんどん注入され続けているのに、出ていくエネルギーがなければ、温度は際限なく上昇してしまいます。

しかし実際には、そのようなことは起こりえません。やかんでお湯を沸かすとき、やかんの水には炎からのエネルギーが注入され続けていますが、温度は100℃以上には上がりませんよね。

炎から入ってくるエネルギーと同じ量のエネルギーが、どこからか出ていっているはずです。

「温度が一定」ということは、エネルギーの出入りがまったくないか、入ってくるエネルギーと出ていくエネルギーの量が全く同じ、のどちらかということなのです。

熱設計においては、温度の高い低いに気を取られず、エネルギーの出入りに着目することが大事なのです。

要点BOX

- ●熱はエネルギー、単位は「J」
- ●温度とは熱エネルギーの密度のようなもの
- ●エネルギーの出入りが重要

温度とは、熱エネルギーの密度みたいなもの

同じエネルギー量

温度低い　温度高い

温度とは単なる現象（結果）にすぎない

エネルギーを注入し続けた場合

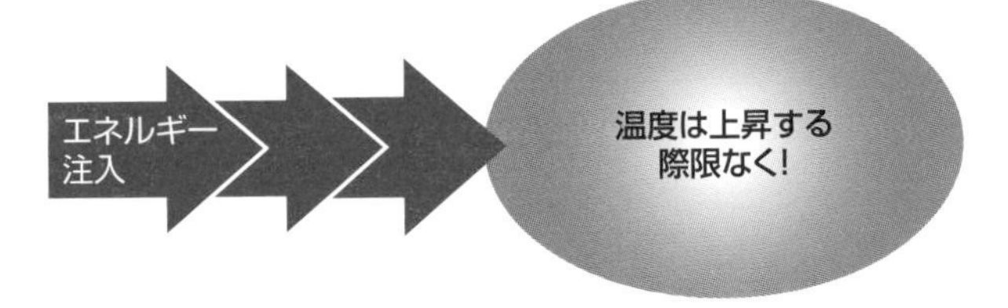

「温度が一定」とはどういうこと？

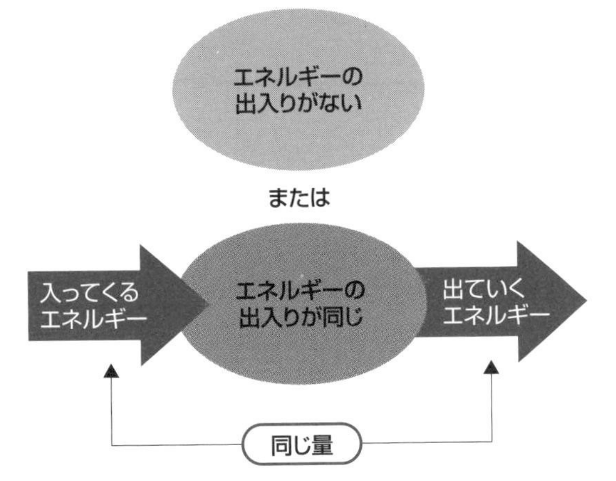

8 電化製品の中のエネルギーの流れ

エネルギー保存則は絶対!

コンセントから流れてくる電気エネルギーや、電気製品から発せられる熱エネルギーのように、継続的にじゃんじゃん流れてくるエネルギーの場合、「1秒あたりのエネルギー量」を考えた方が便利です。

この場合、単位は[J/秒]になりますが、略して[W](ワット)と書くことも可能です。

「100ワット電球」とかでおなじみの「ワット」です。

100W電球というのは、「1秒間に100Jのエネルギーを消費しますよ」という意味なのです。

コンセントから1秒間に100Jの電気エネルギーが流れ込み、電球内部のフィラメントによって光エネルギーと熱エネルギーに変換されるのです。

一般的な白熱灯では、光エネルギーに変換されるのはせいぜい10%で、残り90%は熱に変換されてしまいますが。

電球やコンピュータなどの電気製品においても、エネルギー保存則は絶対です。

電源コンセントから入ってきた電気エネルギーが製品内部で主に熱エネルギーに変換され、それが周囲の物体や空気に移動しているだけです。

特にコンピュータ等においては、熱に変換されずに電気信号や電波として出ていくエネルギーはほんの僅か(ほとんどゼロ)で、ほぼすべてのエネルギーが熱に変換されると言ってもよいでしょう。

電源を入れてからしばらくの間は、変換された熱エネルギーの大半は装置自体を温めることに使われ、出ていくエネルギーはわずかです。

その後、装置の温度が一定になった段階では、入ってくるエネルギーと出ていくエネルギーは必ず一致します。この状態を「定常状態」または「平衡状態」と言います。

●「1秒間に1Jのエネルギーの流れ」=1W
●コンピュータ等の電気製品では電気エネルギーの大半が熱エネルギーに変換されている

じゃんじゃん流れるエネルギーの表現

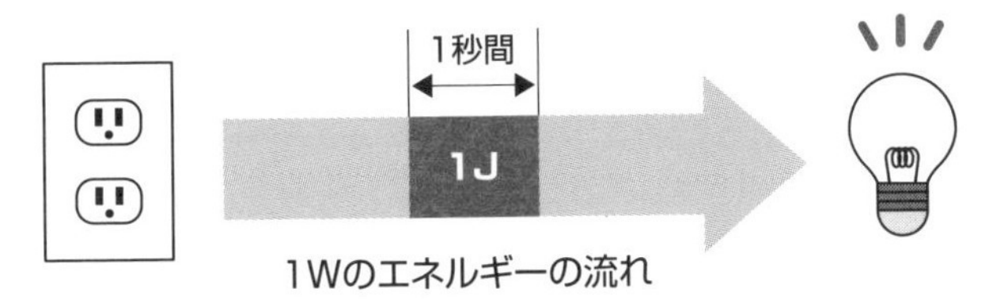

電気製品の温度上昇のしくみ

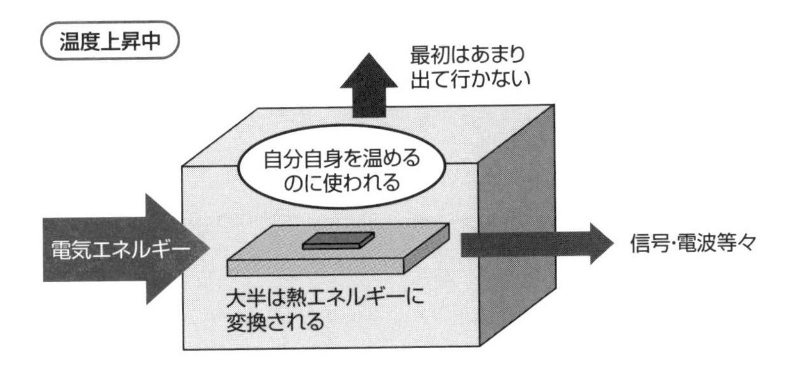

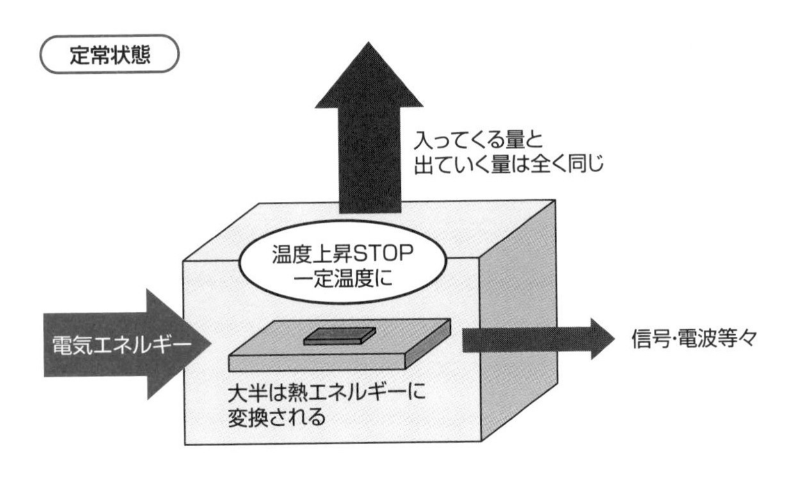

9 熱も水が流れるが如く

熱力学第二法則

熱力学にはもう1つ、重要な法則があります。これまで、「熱は移動か変換しかしない」と言い続けてきましたが、この「移動」に関する法則です。

『熱エネルギーは温度の高いところから温度の低いところへしか移動しない』

感覚的には当たり前の話ですよね。これを、「**熱力学の第二法則**」と呼んでいます。

さらに、「温度の高低差が大きいほど、熱エネルギーはたくさん移動する」という特性があります。単純に、温度差が倍になれば、倍の量の熱エネルギーが移動します。

熱の移動とは、滑り台を流れる水に例えることができます。水も必ず高いところから低いところに流れます。滑り台の高さが温度です。温度差が大きいほど、滑り台の傾斜が強くなって、大量の熱エネルギーが流れるのです。

熱い物体と冷たい物体が接触すると、傾きの急な滑り台が出現し、熱エネルギーが移動を始めます。熱い物体からは熱エネルギーが出ていき、冷たい物体には熱エネルギーが入り込みます。

熱かった物体の温度は下がり、冷たかった物体の温度は上がり、滑り台の傾きはだんだん緩くなっていきます。

最終的には両者の温度は同じになり、滑り台は水平になり、熱エネルギーは移動しなくなります。

これが「定常状態」または「平衡状態」に至るメカニズムです。

熱いお茶を部屋の中に置いておくと冷めるのは、左の図で言えば、高温部が熱いお茶で、低温部は部屋の空気になります。

しつこいようですが、全体のエネルギー量は最初から最後まで不変です。

要点BOX

●熱エネルギーは温度の高いところから温度の低いところへしか移動しない。これを「熱力学の第二法則」と呼ぶ

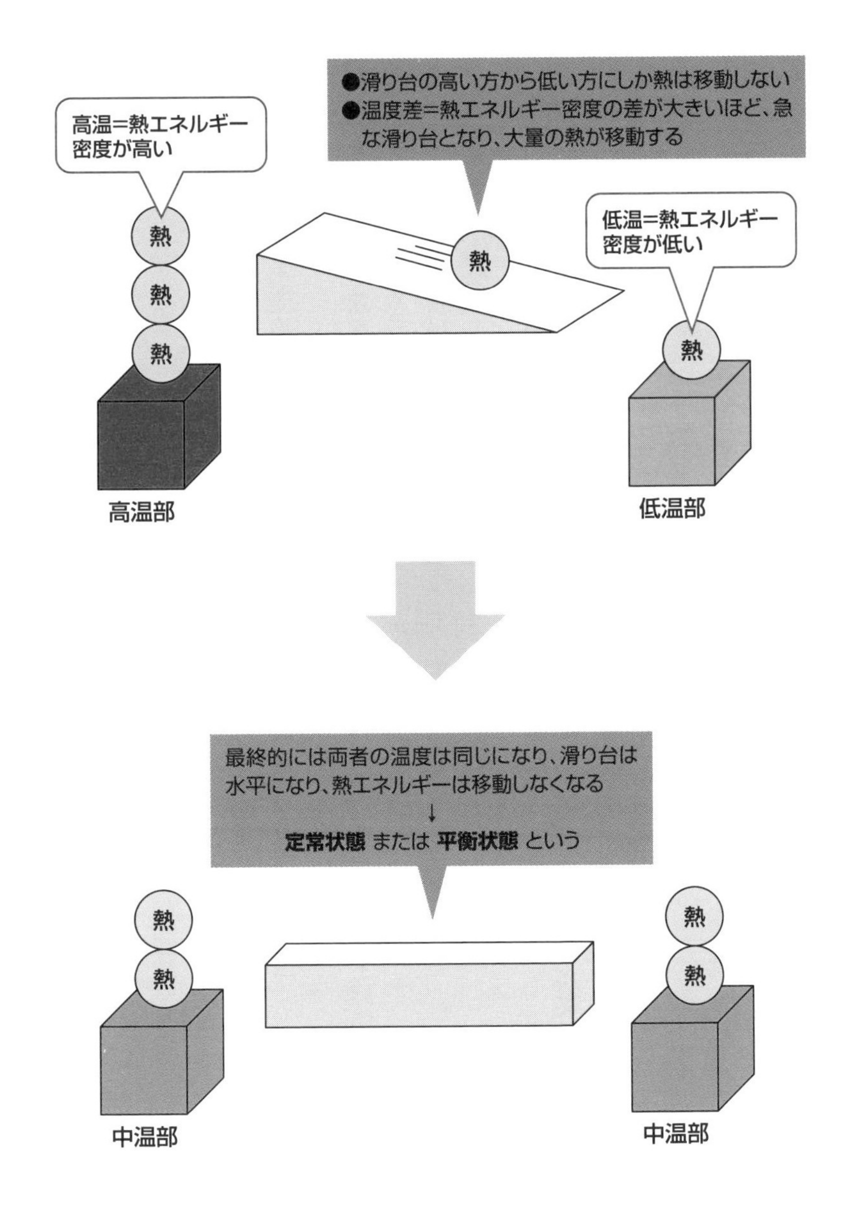
エネルギーは滑り台を流れる
高温=熱エネルギー密度が高い
●滑り台の高い方から低い方にしか熱は移動しない
●温度差=熱エネルギー密度の差が大きいほど、急な滑り台となり、大量の熱が移動する
低温=熱エネルギー密度が低い
熱
熱
熱
熱
熱
高温部
低温部
最終的には両者の温度は同じになり、滑り台は水平になり、熱エネルギーは移動しなくなる
↓
定常状態 または 平衡状態 という
熱
熱
熱
熱
中温部
中温部

10 温度が上がるしくみ

温度上昇と定常状態

コンピュータなどの電気製品で、温度上昇から定常状態に至るまでの説明をしてみましょう。

滑り台の左側がコンピュータの温度、右側が部屋の空気の温度です。

最初、コンセントを抜いている状態では、コンピュータもただの鉄とかプラスチックとかの塊ですので、温度は室温と同じです。滑り台は水平で、熱の移動はありません。

コンセントをつないで電源をONにすると、コンピュータの内部で電気エネルギーが熱エネルギーに変換され、温度がちょっとだけ上がります。滑り台の傾斜は緩く、熱の移動はほんのちょっとですので、変換された熱エネルギーの大半は、自分自身を温めることに使われます。

コンピュータの温度が上がるにつれて、滑り台の傾斜はだんだん強くなり、移動する熱も大きくなっていきます。

最終的には、入ってくるエネルギーと、滑り台によって出ていくエネルギーの量が全く同じになり、コンピュータ自身の温度上昇はストップします。

これが「**定常状態**」です。

このときの滑り台の高低差が「**温度上昇値**」で、温度上昇値に大気の温度を足した値が、その製品の温度です。当然、部屋の温度が高ければ、製品の温度はその分だけ高くなります。

熱設計では、製品として想定している最高の使用環境温度で定常状態になったときにも、製品が問題なく稼動するようにしなければなりません。

電源を切った後は、コンピュータはただの「熱い物体」ですので、前ページで説明した「高温部」になり、部屋の空気に熱を移動させながら、ゆっくりと温度が下がっていきます。

要点BOX

●温度が上がるしくみは熱エネルギーが転がる滑り台で表現するとよくわかる

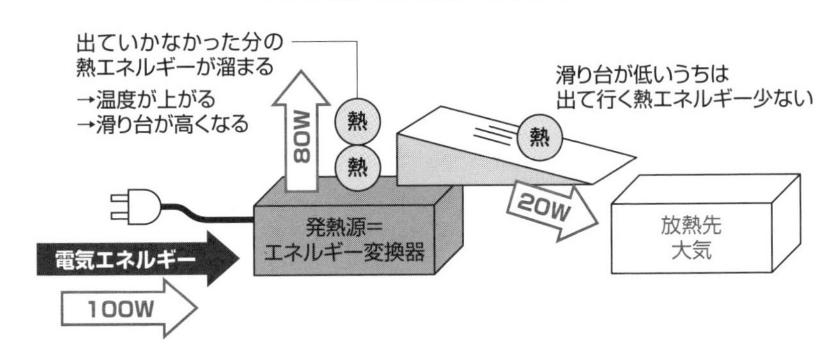
最初は滑り台を高くする
出ていかなかった分の
熱エネルギーが溜まる
→温度が上がる
→滑り台が高くなる
80W
熱
熱
滑り台が低いうちは
出て行く熱エネルギー少ない
熱
20W
放熱先
大気
発熱源＝
エネルギー変換器
電気エネルギー
100W

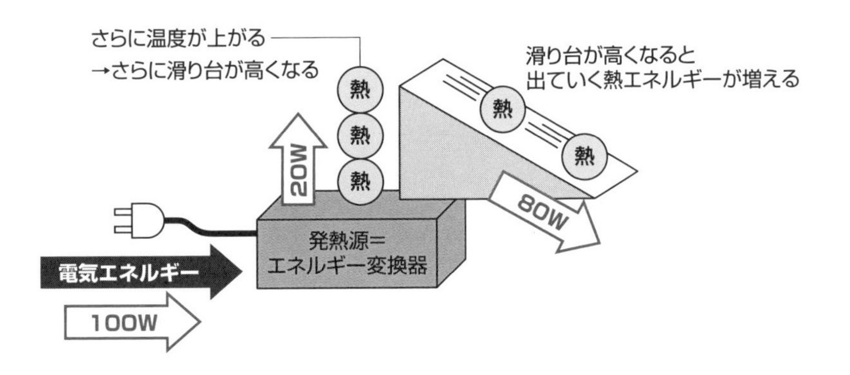
滑り台はどんどん高くなる
さらに温度が上がる
→さらに滑り台が高くなる
熱
熱
熱
20W
滑り台が高くなると
出ていく熱エネルギーが増える
熱
熱
80W
発熱源＝
エネルギー変換器
電気エネルギー
100W

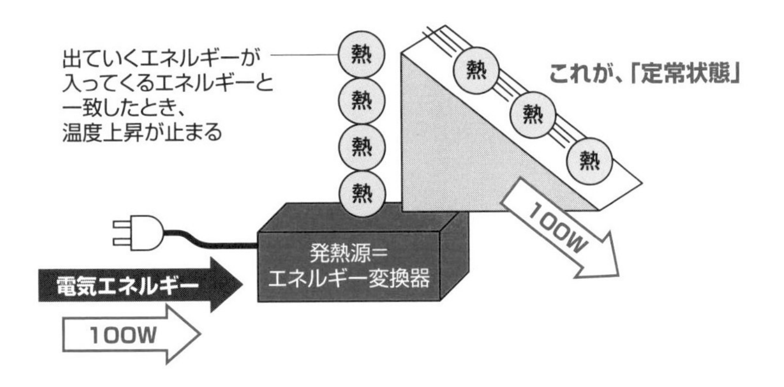
定常状態に到達
出ていくエネルギーが
入ってくるエネルギーと
一致したとき、
温度上昇が止まる
熱
熱
熱
熱
熱
熱
熱
これが、「定常状態」
100W
発熱源＝
エネルギー変換器
電気エネルギー
100W

11 冷却機構とは

熱を「消す」ではなく「運ぶ」

「冷却機構とは、熱を握りつぶしてこの世から消滅させる機械である」

こうしたイメージを持つ人が多くいます。

ここまで見てきたように、「発熱」といっても、なにもないところからいきなり熱エネルギーが発生しているわけではありません。

そして「冷却」といっても、決して熱エネルギーを消滅させているわけではありません。

冷却機構とは、「発生した熱エネルギーが、許容される温度上昇範囲内で、スムースに外部に出ていく滑り台」のことです。

製品が発熱を開始し温度が上昇したときに、製品各部の温度上昇値が許容範囲以内の適切な滑り台が自然に出現するように、全体をコーディネートすることが「熱設計」なのです。

また、ファンなどの強制排熱機構を設計するのであれば、滑り台はベルトコンベアのイメージになるでしょう。熱を運搬するベルトコンベアの太さやスピードを適切に調整することが、熱設計担当者の仕事になります。

あくまでも冷却機構は、熱の「運搬機構」なのです。**決して、「消滅機構」ではありません!**

まずは正しいイメージに切り替えましょう!

- **熱のイメージを「温度」から「エネルギー」に**
- **熱の単位を「℃」から「W」「J」に**
- **冷却機構のイメージを「消滅機構」から「運搬機構」に**

これがアタマにスッと入れば、正しい熱設計の第一歩が踏み出せたと言えるでしょう。

要点BOX

- **冷却とは熱を外部に出すこと。それをスムースに行うための滑り台づくりが「熱設計」**

自然冷却の場合

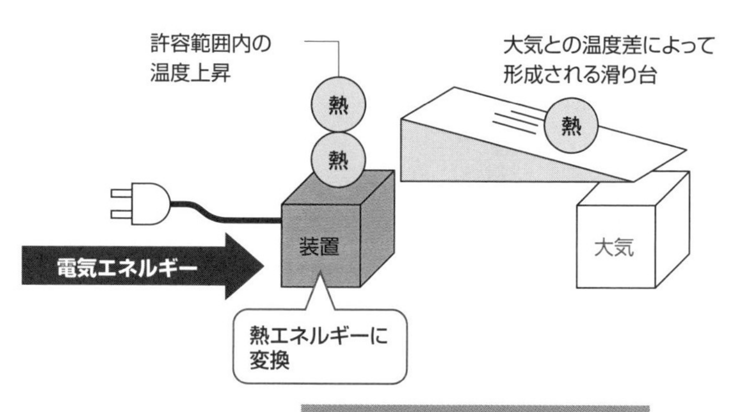

この滑り台が自然に出現するように
全体を作り上げる作業が「熱設計」

強制冷却の場合

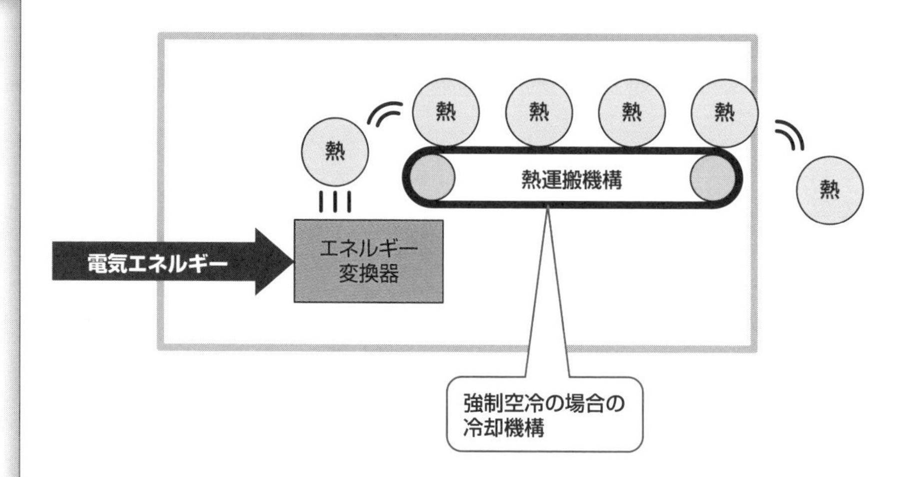

12 熱の移動手段は3通りだけ

熱伝導・熱伝達・熱放射

熱エネルギーが移動するには3つの方法しかありません。「**熱伝導**」「**熱伝達**」「**熱放射**」だけです。

熱伝導は金属やプラスチックなどの固体注)の中を熱が徐々に伝わっていく現象で、物質は移動しません。図の中で、壁の中をじわじわと伝わっている熱の移動が、熱伝導です。

熱伝達は熱伝導に物質の移動が加わります。空気や水など、気体や液体の物質に熱が伝導し、その物質自体が移動する現象です。熱エネルギーは物質が蓄えているわけですから、物質が移動すると熱も移動し、大量に熱が運ばれます。

図では、温かい壁面に接触している空気に熱が伝導し、その温まった空気が上昇し、対流を発生させて、熱エネルギーが移動しています。

このように熱が移動する現象を総称して「熱伝達」と呼びます。

熱伝導と熱伝達は言葉が似ていますが、前者は動かない物質中の熱移動、後者は流体を介した熱移動全般の総称なので、ご注意を！

熱放射は電磁波による熱移動で、熱の移動に物質を必要としません。太陽の熱が真空の宇宙空間を隔てて地球に届くのも、この現象です。

図では、焚き火の炎から、主に光や赤外線によって熱が壁に伝わっています。

K(ケルビン):絶対温度

さてこの先、温度の単位を℃:摂氏温度からKに変えます。これらは原点がずれているだけで、0℃=273・15Kです。

0℃は水が氷る温度ですが、0Kは、「絶対零度」と言い、これ以下の温度はこの世に存在しません。

「温度差」や「温度上昇値」など、相対値を話すときは、℃もKも同じです。

要点BOX

- ●熱エネルギーの移動は「伝導」「伝達」「放射」だけ
- ●熱伝導と熱伝達は違う意味
- ●「℃:摂氏温度」→「K:絶対温度」で考える

3種類の熱の移動方法

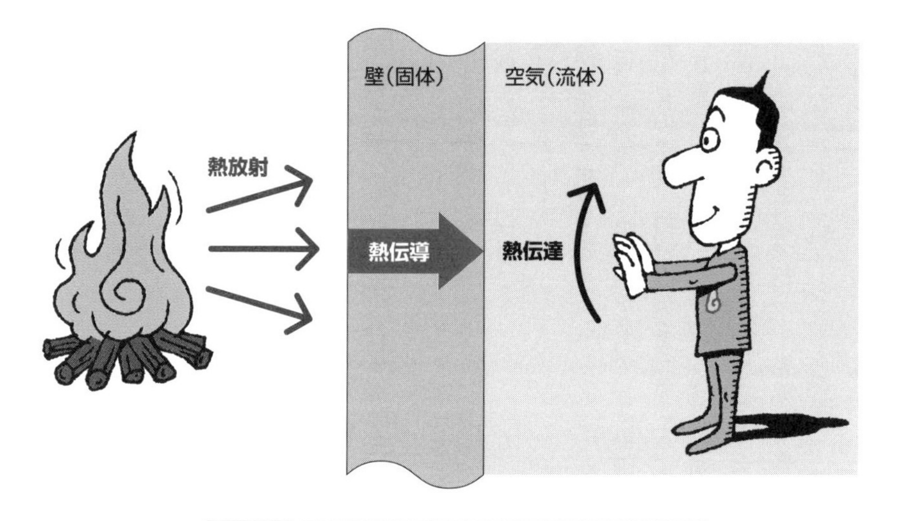

絶対温度[K] = 摂氏温度[℃] + 273.15

※原点がずれているだけ
※温度差のことを話すときはどちらも同じ

注）静止した流体も熱伝導します。

13 固体の中を移動

熱伝導と熱伝導率

熱伝導は、物体（固体）の中を伝播する熱の移動です。アルミや鉄はよく熱を伝えますよね。あれが「**熱伝導**」です。

熱の伝わりやすさを数値で表すと、プラスチックが0・2〜0・3、鉄が50、アルミが240、銅が380となります。

これらが、その物質の「**熱伝導率**」です。数値が大きいほど、熱を伝えやすい物質です。

単位は[W/(m・K)]です。

熱伝導率の意味を言葉で書くと、**「長さ1m、断面積1m²の材料があって、その両端の温度差が1Kのとき、何Wの熱が流れるか」**ということです。

つまり熱伝導率の単位の本当の姿は[W・m/m²・K]なのです。分母と分子をmで割って、省略して表現してしまっているのです。（44ページコラム参照）

代表的な材料の熱伝導率を列挙してみました。

この本の読者の方々は、すでに製品設計をしている方も多いかと思いますので、コストや重量も気になるところでしょう。各材料の大体のkg単価と、単位体積あたりの重量も書いておきました。

安くて軽くて熱性能の良い、**お買い得な材料**はどれでしょうか?

kg単価を熱伝導率で割った値を出してみました。数値が小さいほどお買い得ってことです。

表を見ればわかりますが、ダントツで**アルミ**ですね。金銀銅ほどではないけれど、**そこそこの熱伝導率で安く軽い!**

2番手は銅と鉄ですが、鉄は熱伝導率が低く、冷却機構をまるまる鉄で作ると、もの凄い大きさになってしまいます。小さく設計するなら銅を採用した方がよいということになります。

というわけで、電気製品の冷却機構にはアルミがよく使われるのです。

要点BOX
- ●熱の伝わりやすさを数値化したのがその物質の「熱伝導率」
- ●コストを考えると冷却にはアルミがよい

熱伝導の計算式

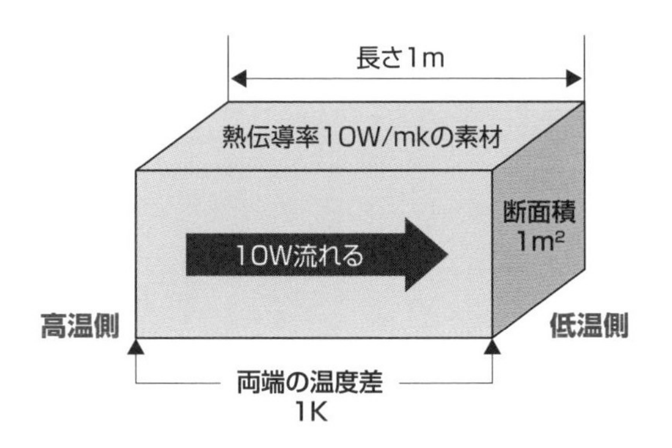

$$\text{熱伝導による伝熱量[W]} = \frac{\text{熱伝導率[W/mk]} \times \text{断面積}[m^2]}{\text{長さ[m]} =} \times \text{両端の温度差[K]}$$

色々な材料の熱伝導率とkg単価、密度の一覧

材料	熱伝導率	kg単価	密度	コスト指標 (お買い得指数) $\times 10^4$
	w/(m·K)	¥	kg/m^3	
金	320	4000000	19300	24000
銀	420	100000	10500	250
銅	**380**	**700**	**8920**	**1.6**
白金	70	4500000	21400	140000
アルミ	**240**	**200**	**2700**	**0.23**
鉄	**50**	**100**	**7870**	**1.6**
樹脂	0.2〜0.3	150	1000	50
ダイヤモンド	1000〜2000	参考		
水	0.6			
空気	0.024			

14 流体と一緒に移動

熱伝達と熱伝達率

熱伝達は、物体の表面に接している流体によって、物体の表面から熱が外に移動する方法です。物体に接触している流体に熱伝導で熱が移動し、その流体が対流の発生などにより移動することで、大量の熱が移動します。「**対流熱伝達**」とも言います。

熱いラーメンを食べるときを思い浮かべてください。フゥフゥと息を吹きかけると冷めますよね。あれは、ラーメンの表面から、吹きかけた空気に熱伝達で熱が移動したのです。

「熱伝達による熱の伝わりやすさ」を表す指標が「**熱伝達率**」で、単位は[W/(㎡・K)]です。

この単位はわかりやすいですね。［W／(面積・温度差)］ですから、

「**面積1㎡の面が、周囲の流体との温度差1Kのとき、その面から熱が何W移動するか**」という意味になります。

熱伝達率は、物質固有の値（物性値）である熱伝導率とは異なり、放熱面が置かれた状態などに大きく左右されてしまう値（状態値）です。**放熱面の形状や姿勢、流体の種類や流速、流れの方向などによって値が変わるのです**。感覚的には当然ですよね。

例えば大雑把に言うと、流体が空気で放熱面が水平に置かれたとき、自然対流では3～12ですが、強制対流では10～90となります。

流体が水など液体の場合、その液体が沸騰すると、さらに大きな熱伝達率が得られます。

もっと詳しい熱伝達率の値は、簡単な公式で求められます。

色々な状況に応じて、それぞれに公式が用意されていて、そこに寸法とか流速を代入すると、**その状況における熱伝達率が求められます**。

●対流による熱の伝わりやすさが「熱伝達率」
●放熱面の形状や状況によって熱伝達率の値が変わる

熱伝達の計算式

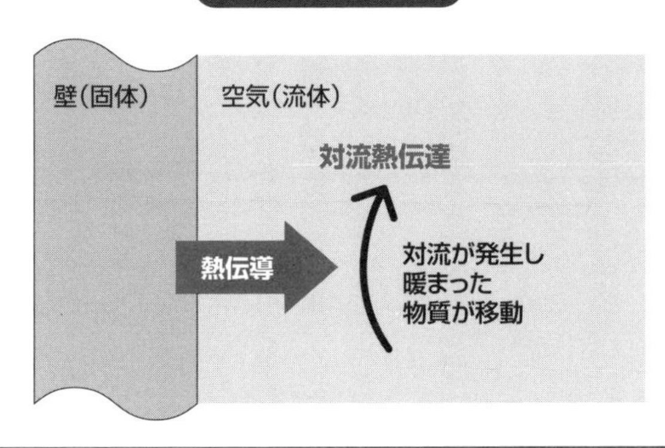

対流による熱伝達[W] = 熱伝達率[W/(m²·K)] × 放熱面積[m²]× 温度差[K]

「放熱面は水平、流体は水」の場合の熱伝達率

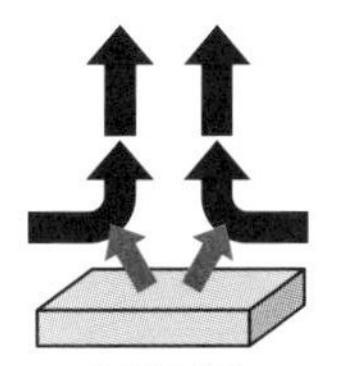

自然対流
200〜500

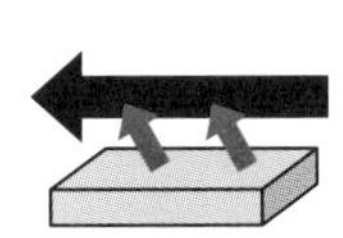

強制対流
500〜5000

蒸発
1000〜10000

※流速や放熱面の形状による

熱伝達率の値

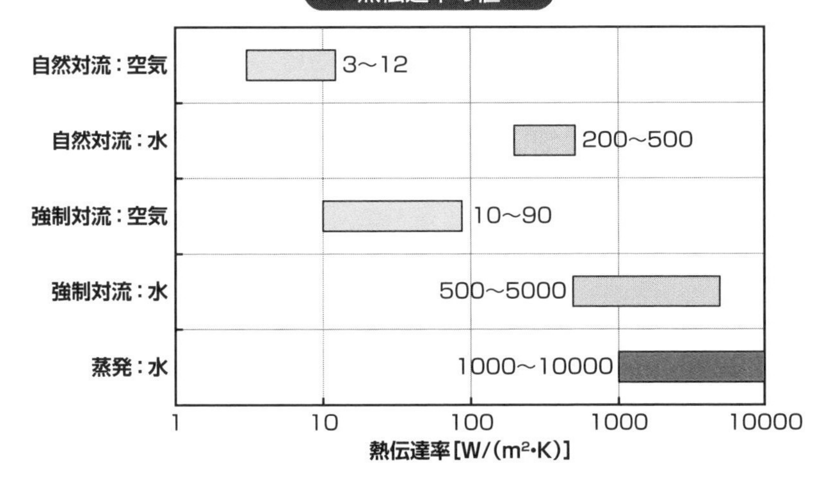

15 熱伝達率の求め方

状況によって変わる状態値

熱伝達率を求める公式を1つ紹介しましょう。

温度が均一な平板があり、それと平行な方向に空気を流す場合は、「流速」と「流れ方向の長さ」から、図上の数式で熱伝達率を求められます。

この数式からわかることが2つあります。

①熱伝達率は流速の平方根(√)に比例する。

流速が2倍になっても熱伝達率は1・4倍にしかなりません。

②同じ冷却面積なら、流れ方向に長いと熱伝達率は悪化する。

冷却面の上を通過する空気は、熱を奪い温度が上昇しながら進むため、だんだんと冷却能力が低下してしまうためです。

つまり、放熱面はなるべく横に広げて全体に風が当たるようにする方が、冷却能力が高いということですね。

ラーメンも、レンゲの上に丸い塊で乗っけておくより、お箸ですくい上げて横に広げてフウフウした方が、よく冷えるということです。

次に、自然対流の場合も紹介しましょう。自然対流の熱伝達率は、「形状係数」と「代表長さ」から、図下の数式で求められます。

自然対流による放熱の場合、放熱面を鉛直に置いた場合は、水平に置いた場合に比べてよく冷えます。壁面に沿って、暖かい空気が上昇し、表面の風の流れが促進されるからです。

このように、冷却面の形状や設置する向き、大きさによって、熱伝達率は変わってきますので、それぞれに応じた形状係数と代表長さが用意されています。

これらをうまく組み合わせて、製品の筐体表面から自然対流で出ていく熱量を計算することができるのです。

要点BOX

- ●物の設置方法によって熱伝達率が変わり、物の冷え方も変わる
- ●製品の筐体表面から出る熱量を計算できる

設置方法によって放熱量が変わる！

$$熱伝達率[W/(m^2 \cdot K)] = 3.86 \times \sqrt{\frac{流速[m/sec]}{流れ方向の長さ[m]}}$$

両方とも
面積は同じ
0.1m²

●熱伝達率=12.2

1m
0.1m
1m/sec

●熱伝達率=3.86

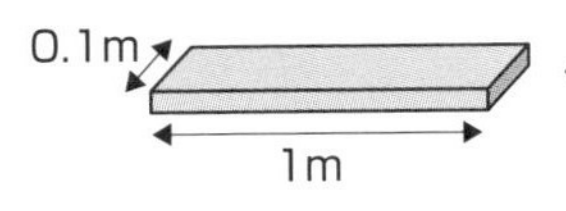

1m/sec

$$熱伝達率[W/(m^2 \cdot K)] = 2.51 \times 形状係数 \times \left(\frac{温度差}{代表長さ}\right)^{0.25}$$

形状と設置条件		形状係数	代表長さ
	鉛直に置いた平板	0.56	高さ
	水平に置いた平板（熱い面が上）	0.52	$\frac{縦 \times 横 \times 2}{縦+横}$
	水平に置いた平板（熱い面が下）	0.26	$\frac{縦 \times 横 \times 2}{縦+横}$
	鉛直に置いた円柱	0.55	高さ
	水平に置いた円柱	0.52	直径
	球	0.63	半径

16 宇宙に広がる太陽の熱

赤く光った電気ストーブの光を浴びると暖かいですよね。コレが熱の「**放射**」です。「輻射」とも呼ばれます。赤外線や光、電磁波などによって、物体の表面から直接出て行く熱移動です。太陽の熱も、真空の宇宙を伝わって地球に届いています。

放熱射というと「出て行くだけ」という感じがしますが、正確には「放射による熱の出入り」のことを指しますので、「吸収」も意味します。

熱の出入りのしやすさは、素材や表面の温度や凹凸などによります。大まかに言うと、樹脂などの絶縁物は出入りしやすく、金属は出入りしにくいです。

これも数値で表すと、0から1の数値になり、これが熱**放射率**(単位なし)です。

熱放射は、高温側と低温側の各々が熱を放射し、相手側が吸収しあうという相互作用です。高温側と低温側の絶対温度の4乗の差に比例して熱移動が起こります。

部屋に置かれた電子機器からの熱放射熱量を計算するには、厳密には低温側となる部屋の壁の熱放射率とかを考慮しなければいけません。

これは大変なので、空気中に置かれた物体から周囲の空気(環境)へ放熱される熱量を求める場合は、図下の近似式が使えます。低温側の温度は空気温度にします。温度差がさほど大きくない場合にはこれで十分です。

以上、熱が移動するにはこの3通りの方法しかありません。理論といってもこれだけです。

この3つの方法を駆使して、機内で発生した…もとい！電気エネルギーから変換された熱エネルギーを、機外へ放出させるのです。

何度も言いますが、熱は「移動」しかしません！決して消えてなくなったりはしないのです。

「エネルギー保存則」は絶対なのです！

要点BOX
- 太陽の熱は「熱放射」
- どんな物体にも熱放射率がある
- 「エネルギー保存則」は絶対！

熱放射と熱放射率

熱放射の計算式

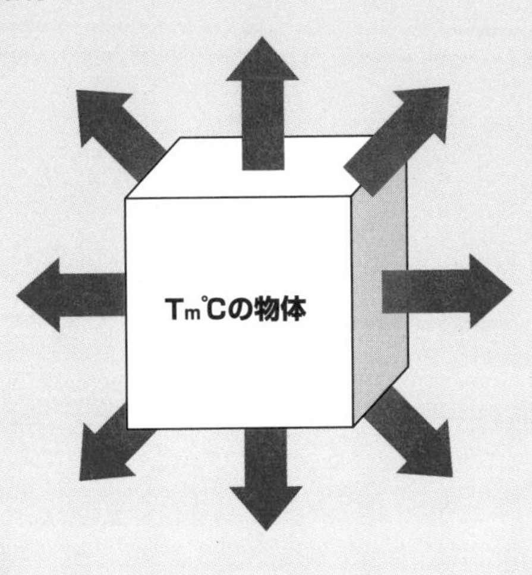

熱放射による伝熱量 = 5.67×10^{-8} × 放射率 × 表面積
× (高温面の絶対温度^4 − 低温面の絶対温度^4)

絶対温度[K] = 摂氏温度[℃] + 273.15

- ●理論的な完全黒体：1
- ●アルミ：0.05～0.5など
- ●鉄：0.6～0.9など
- ●黒い樹脂：0.8～0.9など

Column

単位は重要!

単位をよーく考えることによって、理解が深まることがあります。

私は子供の頃、速度の単位が[m/sec]なのはすぐに理解できました。

「1秒あたり、1m移動する」

簡単ですね。

が、加速度の単位が[m/sec²]であることが全然ピンときませんでした。

「1秒の二乗あたり」ってどういうことよ!?

それを、

[(m/sec)/sec]→(速度)/(秒)

と書き換えて初めてピンときました。

「1秒あたり1m/sec、加速する」

ということですね。

熱伝導率の単位[W/(m·K)]も、意味は「長さ1m、断面積1m²の材料があって、その両端の温度差が1Kのとき、何Wの熱が流れるか」ということですので、本当は[W·m/m²·K]なんですね。

単位は省略されていることもあるので注意しましょう

「単位を見れば概念がわかる!」

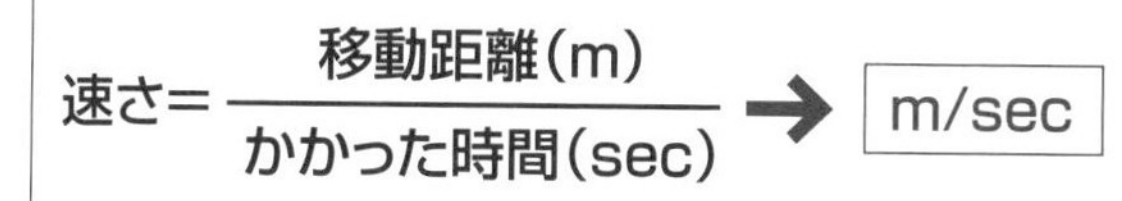

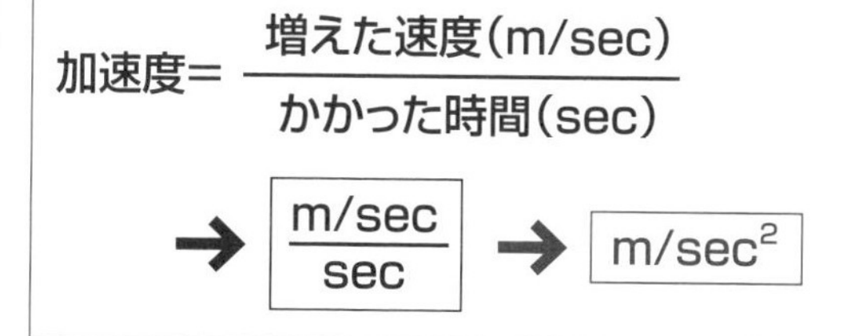

第2章

電気製品はなぜ熱くなる?
熱いとどうなる?

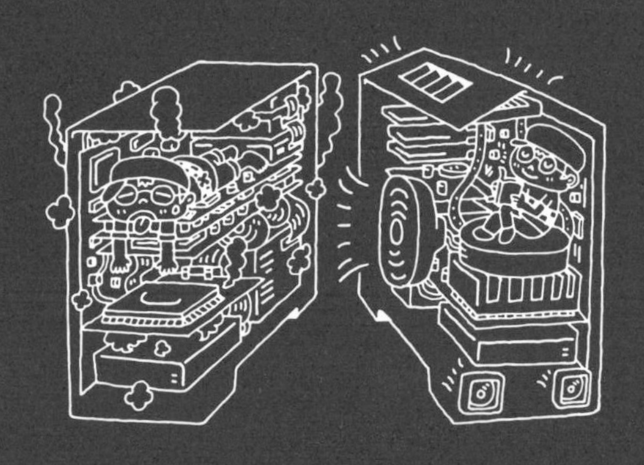

17 熱の正体

熱は原子や分子の振動

前章では「**熱はエネルギー**」と説明しましたが、もう少し詳しくというか、具体的に説明してみましょう。

すべての物質は、原子や分子で構成されています。これらの原子や分子は、その場でじっとしているわけではなく、ほんの少し振動をしています。

実はこの**振動の運動エネルギーこそが、熱の正体**なのです。振動の周波数や振幅が大きいほど、温度が高いのです。熱エネルギーの正体は、実は運動エネルギーだったのです。

前章で学んだ、物質の中を伝わる「**熱伝導**」**の正体は、この**「**振動の伝搬**」です。地震が地中を伝わって流れてくるのと同じようなイメージですね。

温度の違う2つの物質が接触すると、この振動が伝わり、これを「熱が伝わった」と表現しているのです。

また、電荷を持った原子や分子が振動すると、この振動によって電磁波が発生します。

この**電磁波で出ていくエネルギー**が、前章で学んだ「**放射熱**」**の正体**です。

原子レベルの小さな振動なので、この電磁波の波長は電波よりも短く、赤外線~可視光線くらいの波長になります。当然、電磁波ですので、真空中でも伝播することができます。

そして放射熱と呼ばれるこの電磁波に晒された物質は、内部の電荷が揺り動かされることにより、振動が大きくなります(温度が上昇する)。

これを「熱エネルギーを受け取った」と表現しているのです。

要点BOX

- ●振動の運動エネルギーが熱の正体
- ●熱伝導の正体は「振動の伝搬」

熱の正体とその表現の変化

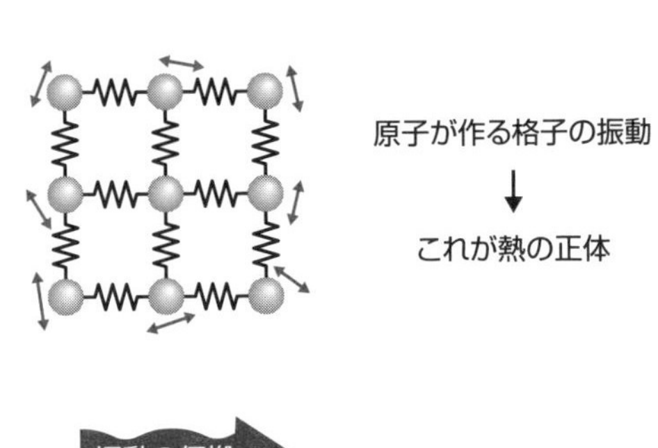

原子が作る格子の振動

↓

これが熱の正体

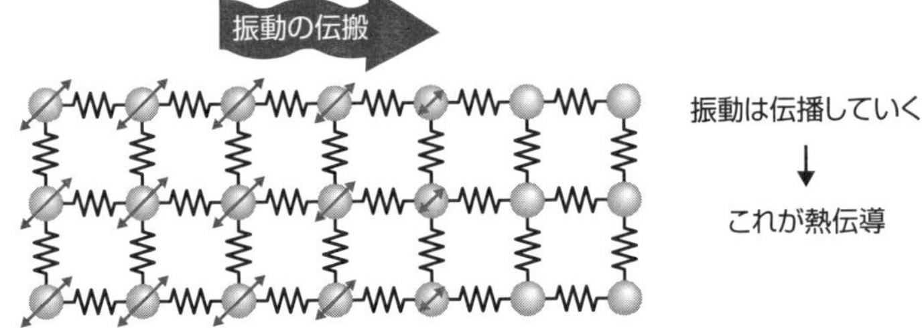

振動は伝播していく

↓

これが熱伝導

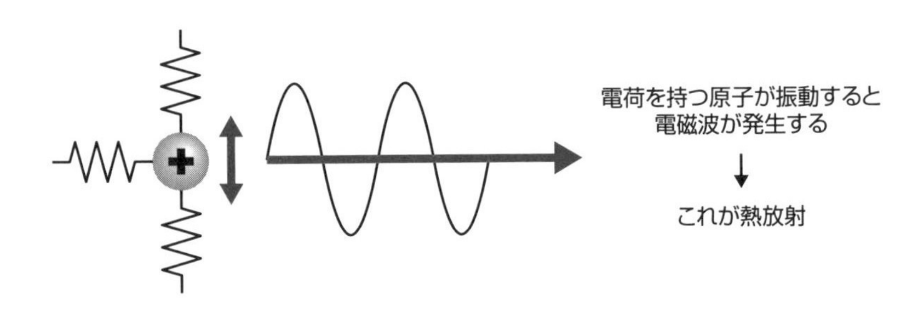

電荷を持つ原子が振動すると
電磁波が発生する

↓

これが熱放射

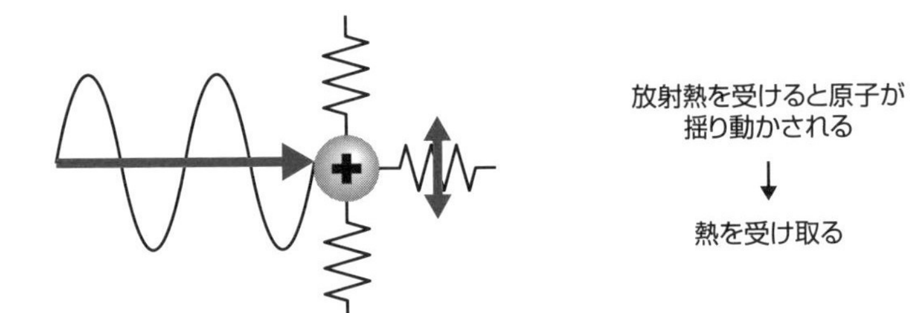

放射熱を受けると原子が
揺り動かされる

↓

熱を受け取る

18 電流が熱に変わる仕組み

電子の衝突が原因

金属に電流を通すとなにが起きるでしょうか?

金属の中身は、ぎっしりと詰まった原子と、大量の自由に動き回れる電子(自由電子)です。

金属の両端に電圧をかけると、この自由電子が一斉に移動し、これを「電流が流れた」と表現しています。**この自由電子たち、実はそんなに自由でもないのです**。

大勢の人がごった返す路地をイメージしてください。向こうに進もうにも、次から次にいろんな人にぶつかって、なかなか前に進めません。

金属の中を通る電子も同じで、**次から次に原子にぶつかります**。

ぶつかるたびに、原子は揺り動かされ、原子の振動エネルギー(熱)は増えていきます。

その分、電子が持っていた運動エネルギーは、削がれていきます。

これが、電気抵抗の正体であり、抵抗のある物質に電流を流したときに発熱するしくみなのです。

電気製品の中身は、毛細血管のように張り巡らされた電気回路と、そこを縦横無尽に流れる電流です。そこかしこで熱が発生するわけですね。

左頁の式を見てわかるように、**発熱量は電流の2乗に比例します**。また電力は電圧×電流なので、同じ電力を送るにしても、電圧を高くして電流を下げてあげた方が発熱(=損失)は減ります。

発電所で起こした電気は、非常に長い距離を送らなければいけないので、損失を少しでも小さくするために、何万ボルトという高電圧で変電所まで送電しています。

街の変電所で数千ボルトに落とし、家のそばの電柱で100ボルトや200ボルトに落として家庭に送っているのです。

要点BOX
- ●電気が流れるところすべてから熱が出る
- ●電子の運動エネルギーが削がれて熱になる
- ●発熱量は電流の2乗に比例する

電子の流れが熱(原子の振動)を引き起こす

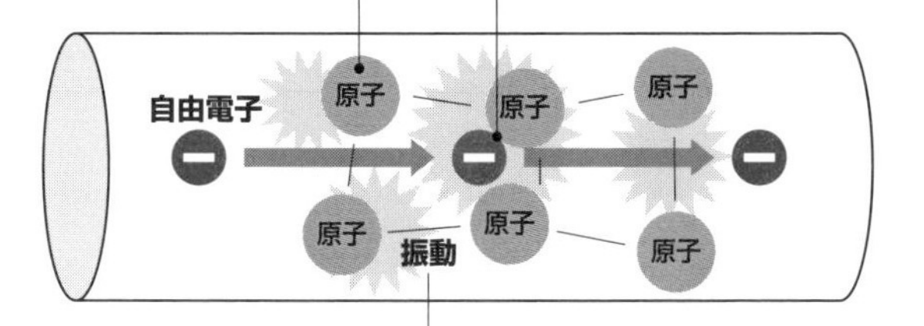

電流が流れるところ全てから熱は発生します

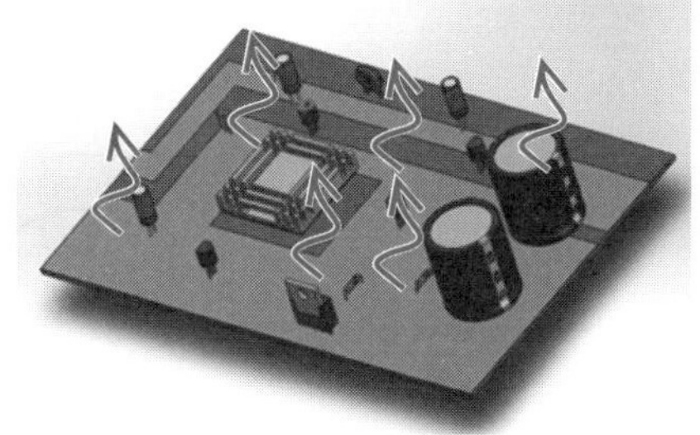

電気が流れるところすべてから熱は発生します

混雑したところを人にぶつかりながら通るように、電子も苦労して移動します

[発熱量 Q] = [抵抗 R] × [電流 I]^2

発熱量は電流の二乗に比例する

[電力 W] = [電圧 V] × [電流 I]

100Vで5Aも10Vで50Aも電力は同じ

19 熱いとどうなる?①

一発で壊れる

さて、電気部品が熱くなるとなにがいけないのでしょう?熱設計なんてやらずに放っておいたらどんな問題が起きるのでしょうか?

例えば、もっとも単純な「**電線**」。これも電流を流せば発熱し、熱エネルギーは被覆の表面から大気に放出されています。これも立派な「熱設計」の一つと言えるでしょう。

あまりに大量の電流を流すと、放熱が追いつかず、被覆が溶けたり、導線が焼き切れたりしてしまい、火事の原因にもなりかねません。

なので電線には「**この線にはこれ以上の電流は流しちゃダメ**」という「**定格**」が定められています。

他にも「**電解コンデンサ**」は、電解液を染み込ませた絶縁体と薄い導電体をサンドイッチして、アルミケースなどに封入しています。

コンデンサに定格以上の電圧をかけてしまうと、内部の温度が急上昇し、電解液が気化して膨張し、破裂してしまいます。危険な破裂の仕方をしないように、金属ケースのてっぺんに安全弁（防爆弁）を設けていますが、これが破れると電気部品としては故障してしまいます。

これらは「**ある温度を超えると一発で故障する**」モードの問題であり、ほとんどの電子部品には、「定格電流」や「定格電圧」、「使用温度」などが定められています。

「定格」は、熱設計をするうえで最初に注意するべき指標です。

製品の設計者は、使用するすべての部品の**定格を守る**ように設計しなければなりません。

要点BOX
- 発熱で電気部品は故障する
- 製品の設計者は部品の定格を守るように設計しなければならない

発熱と故障と安全弁

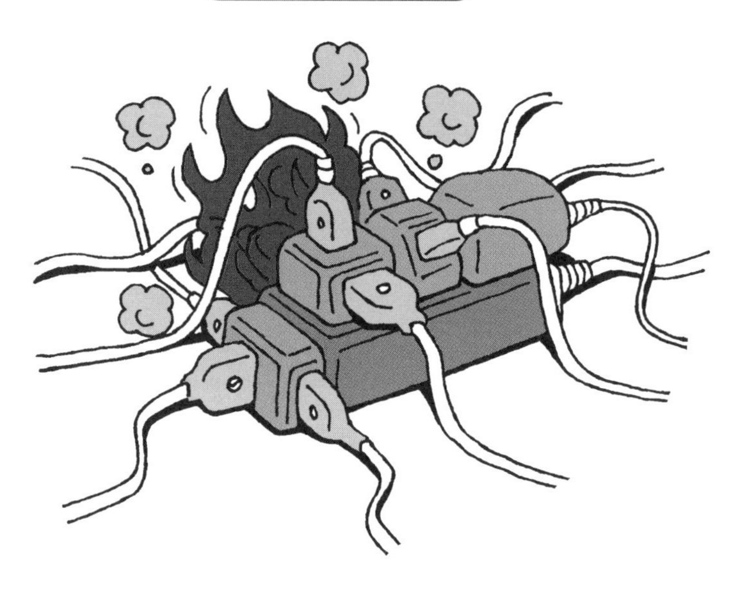

タコ足配線で許容電流オーバーのイメージ

電解コンデンサの中身

防爆弁の開放

20 熱いとどうなる?②

徐々に壊れる

電気部品には金属だけではなく、多くの有機材料が使われています。先ほどの電解コンデンサの絶縁体もそうですし、プリント基板自体もエポキシ樹脂などが主成分です。

このような素材は、定められた定格温度を超えて使っていると、**すぐには故障しなくても、徐々に劣化します**。エポキシ樹脂の基板が内部で炭化してしまうこともあります。

これらは「電気が流れてほしくない部分」に使われているので、その機能が失われてしまうと、ショートして故障してしまいます。

また、物質は温度が上昇すると、体積が膨張します。板状の部材であれば、反ったり曲がったりすることもあります。

1回の膨張であればさほど問題ではないのですが、電源ON-OFFの繰り返しにより、温度が上がったり下がったりすると、**部品が伸びたり縮んだりを繰り返します**。電気部品にとってはこれが結構厄介な問題で、故障の原因になることがあります。

よくあるのは、はんだ付けされた端子部分です。**定格を超えた伸び縮みを何百回、何千回と繰り返す**と、いずれクラックが入り、導通不良を引き起こしてしまいます。

このように、「**徐々に壊れる**」モードもあるので、**高温環境試験や温度サイクル試験**（低温と高温に繰り返し晒す試験）などでしっかりと確認することが必要です。

しかし実際の製品寿命の時間やサイクル回数で試験をしていたのでは非常に時間がかかりますので、設定温度を高くしたり、高低温の幅を大きくしたりした「**加速試験**」を実施することが多いです。

●熱により、すぐには故障しなくても徐々に壊れることがある
●温度試験を短縮する「加速試験」

熱い部品で徐々に壊れる…こともある

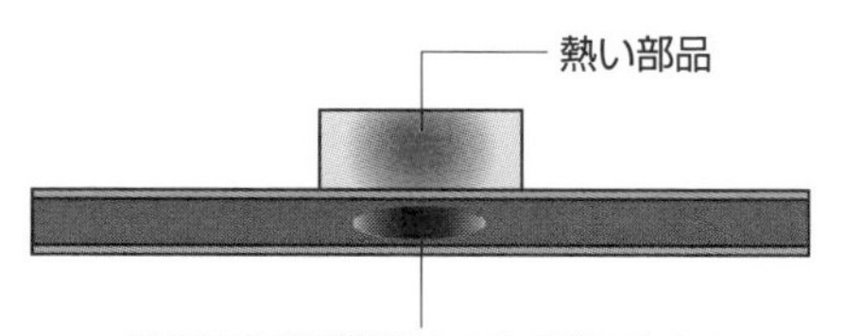

基板の内部が炭化してしまうことも!

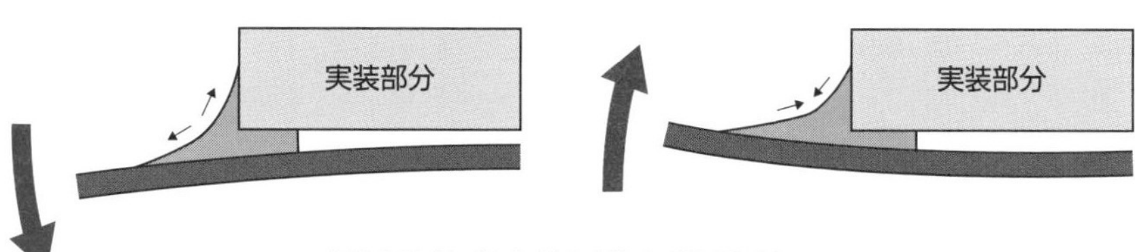

繰り返し伸びたり縮んだりを繰り返すと…

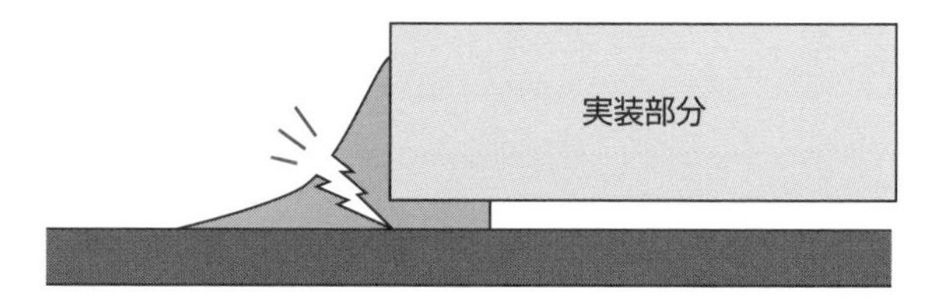

はんだにクラックが入ってしまうことも!

そのため、高湿度環境試験などが必要…でも、

通常の保証温度での試験
→数年かかる

そこで、

温度を高く設定することで
試験時間を加速できる

（加速試験）

21 熱いとどうなる?③

やけどする

スマホやゲーム機のコントローラなど、手で触る電気製品の場合、筐体の表面温度にも注意が必要です。使っていて熱いと感じるようでは商品としてよくありませんし、やけどするような温度になってしまうようでは、安全上、問題です。

「低温やけど」という現象にも注意です。44℃から50℃くらいの温度のものに長時間触り続けていると、皮膚の表面ではなく、皮下組織が火傷を起こしてしまうことがあります。

80℃とかの高温であれば、触った瞬間に「熱い!」と感じて手を離すのですが、44℃ってそんなに熱いと感じないので、**ユーザーも気づかないうちにやけどを起こしてしまう**のです。

一般的には44℃では3～4時間で、50℃では2～3分で、低温やけどを起こす可能性があると言われています。

また、同じ温度でも素材によってやけどになりやすさが異なるので注意です。木材であれば熱くないような温度でも、金属であればやけどをしてしまうこともあります。

製品の熱設計をする際は、

①基本的にはユーザーが触ることのない箇所
　装置の背面や底面など
②使用時のみ一時的に触る場所
　電源スイッチやボタンなど
③使用中は常に触る場所
　グリップや体に装着する面など

の3つのグループに分けて、さらに素材によって各々、上限温度を設定するとよいでしょう。

これらは、**各国の安全規格や法令でも定められている**ことがほとんどですので、しっかりと調査して設計目標を立てる必要があります。

●発熱は身の安全を脅かすことがある
●低温やけどに要注意
●素材や場所ごとに上限温度を設定する

人も機械も使っていると熱くなる

場所によって上限温度を設定する

22 LEDランプ

小さいものは冷やすのが大変

さてここからは、よくある製品を例にとり、どのような使われ方をし、どのような熱の問題があり、どのような熱設計がなされているのかをいくつかご紹介します。

まずはすでに普及したLEDランプについて。60Wの白熱電球と同じ明るさを、LEDならたった数Wで実現しますので、かなりエネルギー効率が良く、発熱量も少なくてすみます。

これだけ発熱量が下がればさぞかし熱設計は楽になりそうですが、実はLEDランプの方が熱対策は大変です。なぜ発熱量が小さいのに熱が問題になるのでしょうか?

半導体であるLEDは高温に弱く、温度が高くなると輝度や寿命が低下してしまいます。

しかも発光する素子が数㎜以下とたいへん小さいので、**単位面積当たりの発熱量(熱エネルギーの密度=温度)は極めて大きくなります。**

この小さな面積から熱を広げて放散することが難しく、LEDの黎明期においてはあまり明るいものが作れなかったのです。

現在LEDランプが普及した背景には、熱設計の進化があります。

LEDチップを保持する基材や封止材、リフレクタなどには、高耐熱性の樹脂や高熱伝導性のセラミック材料が使われるようになりました。

またLEDチップが実装される基板も、熱伝導率の大きいアルミ製のものが使われ、基板の熱を外装ケースに伝えるための熱伝導シートやサーマルグリースなども高性能なものが開発されました。

また外装ケースには複雑な形状の冷却フィンが設けられ、表面を放射率の高い材料でコーティングをしたりもしています。

発熱量が小さくても**放熱面積の小さいものは、冷やすのが大変**という事例です。

●実は電球よりもLEDの方が熱対策は大変
●熱設計の進歩がLEDの普及を支えた

LEDの熱設計

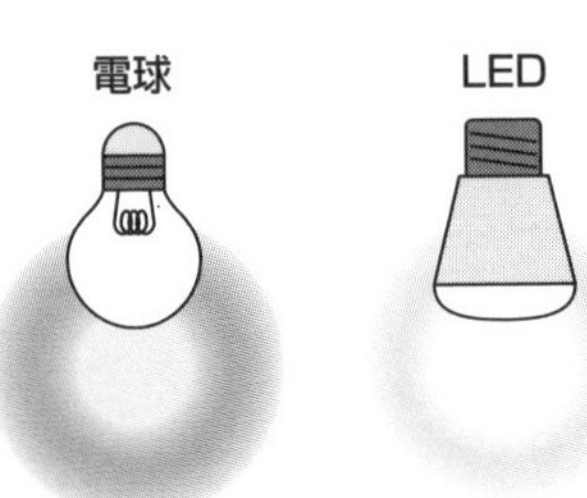

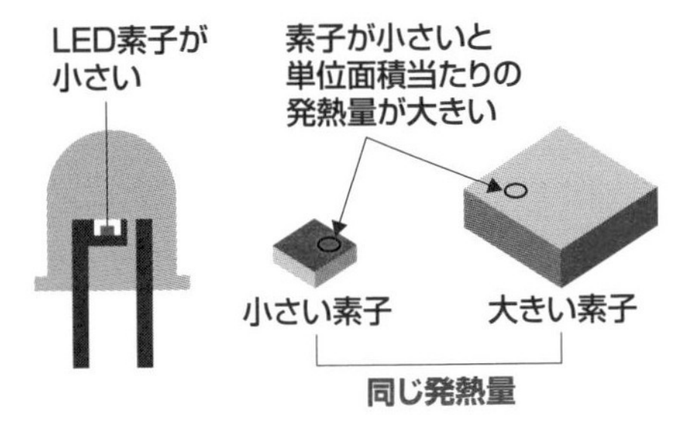

電球
- ガラスや金属なので高温に強い
- 赤外線で放熱する
- 発熱素子の表面積が大きい

LED
- 半導体なので高温に弱い
- 赤外線を出さないので放射で熱が逃げない
- 発熱素子の表面積が小さい

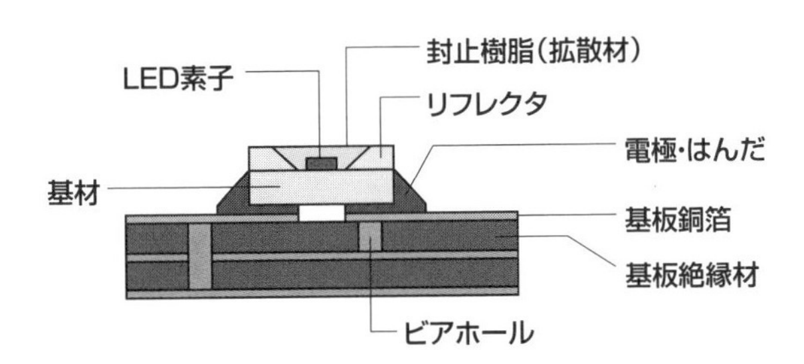

LEDの熱設計
- 基材が封止材、リフレクタなどに高耐熱性の樹脂や高熱伝導性のセラミック材料などを使用
- 基板にアルミ製のものを使用したり、表面に高性能な熱伝導シートやサーマルグリースなどを使用
- 外装ケースに冷却ファンを付けたり放射率の高いコーティング材を使用

23 電源ユニット

高効率化で発熱(=損失)を減らす

テレビやPC、ゲーム機などの電気製品は、コンセントから出てくる交流の電気ではなく、直流の電気で動いています。電圧も100Vではなく、12Vや5Vといった低い電圧です。

このためこれらの機器には、交流を直流に変換し、電圧を下げるための**電源ユニット**が搭載されています。**外付けのACアダプタ**が付属している場合もありますね。

電圧の変換時には必ず損失がでます。損失した分のエネルギーはすべて熱として放出されます。もし電源ユニットが内蔵されていたら、その熱は機器内にこもってしまいます。いかに効率の良い、損失の少ない電源を作るかが、熱設計としても重要です。

電圧を下げる一番簡単な方法は、抵抗を通すことです。しかしこれでは、**大部分のエネルギーを熱として捨てる**ことになってしまいます。

交流であれば、トランスと呼ばれる部品を使って、効率の良い電圧変換ができます。

トランスは、電磁石を2つ繋げたものです。入力側のコイルで電力を磁力に変換し、出力側で磁力を電力に戻します。各々のコイルの巻き数を変えることで、出力電圧を調整しています。

大きく捨ててしまうような損失はありませんが、それでも巻き線の電気抵抗や、鉄心の中に発生してしまう過電流による損失があります。

さらに効率の良い方法として、**スイッチングレギュレータ**という電気部品があります。高電圧の直流をパルス波にし、その後平滑化することで、低い電圧の電気を作り出す仕組みです。**高い電圧でしか電流が流れないので、非常に高効率**です。ONとOFFの時間の配分で、出力電圧を調節します。

最近のスイッチング電源では、95%を超えるような高効率のものもあります。

- ●効率が良く損失の少ない電源が重要
- ●交流ではトランスで電圧調整
- ●スイッチングレギュレータ(電源)は高効率

電源効率と発熱

交流を直流に変換する方法

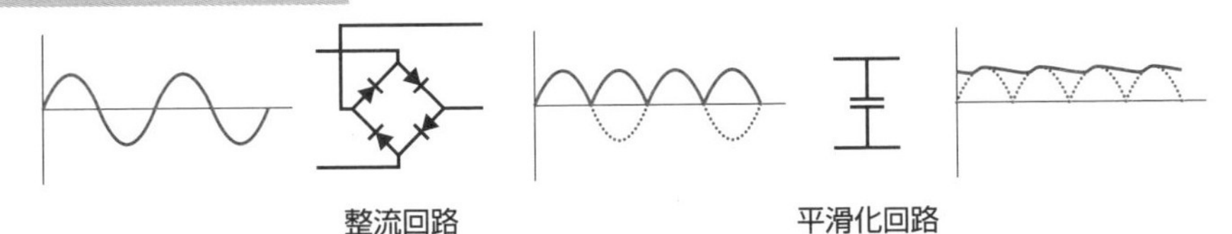

抵抗で電圧を落とすのは無駄が多い

トランスによる電圧降下

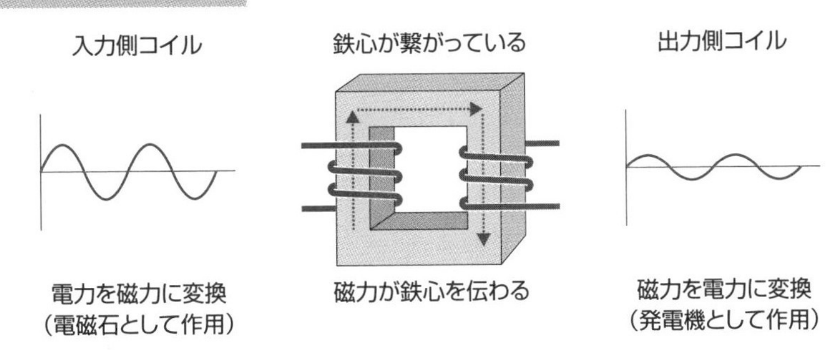

→この後、整流回路と平滑化回路を通す

スイッチング方式

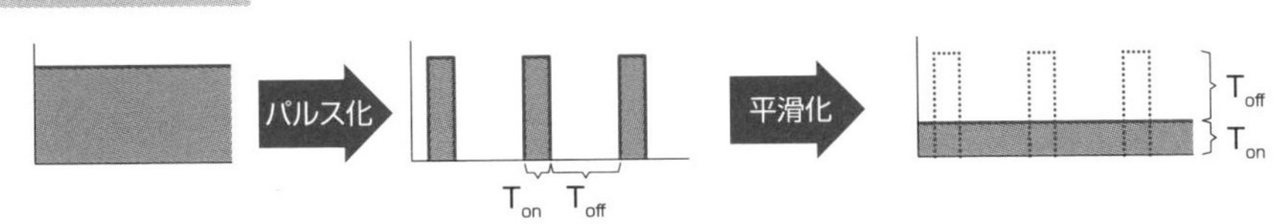

高い電圧でしか電流が流れないので、効率が良い

24 屋外に設置するもの

断熱して熱を中に入れない

電柱の上の方に設置されている携帯電話の無線基地局などのように、**屋外に設置される機器の環境は過酷**です。太陽からの直射日光に晒され続けているからです。

太陽からはどのくらいの熱エネルギーが降り注いできているのでしょうか?

まず、地球の大気の外側で太陽に垂直な面が受ける放射熱量は、約**1350w／m²**です。これを「**太陽定数**」と呼びます。

このエネルギーは地球の大気を通過する間に反射・吸収され、約70%が地表に届きます。

太陽の方向から直接届く分を「直達日射」(いわゆる直射日光)、太陽以外の方向から届く分を「散乱日射」と呼び、これらを足したすべての空から届く日射量を「全天日射量」と呼びます。

日射量は、地域や季節によってまちまちですので、屋外に設置される機器を設計するときは、設置される地域の日射量のデータを調べ、最大でどのくらいの熱エネルギーが入ってくるかを確認する必要があります。日本国内の日射量のデータは、NEDOのHPからデータを取得することができます(注)。

例えば、茨城県つくば市の観測所の2022年5月29日の1時間ごとの日射量のデータを見ると、この日の12時からの1時間で3・53MJ／m²でしたので、換算すると**986W／m²**となります。

例えば表面積が0・25m²くらい(手さげカバンくらい)のサイズであれば、太陽からの熱エネルギーの流入は約247Wということになります。

これを防ぐ最も効果的な方法は、日よけなどによって**日照を遮る**ことです。また、内部の発熱が問題なければ、**断熱**することで内部の温度を下げることができる場合もあります。

要点BOX
- ●屋外の機器は太陽からの直射日光を受ける
- ●屋外機器の設計では日射量を考慮する

太陽は巨大なストーブと同じ

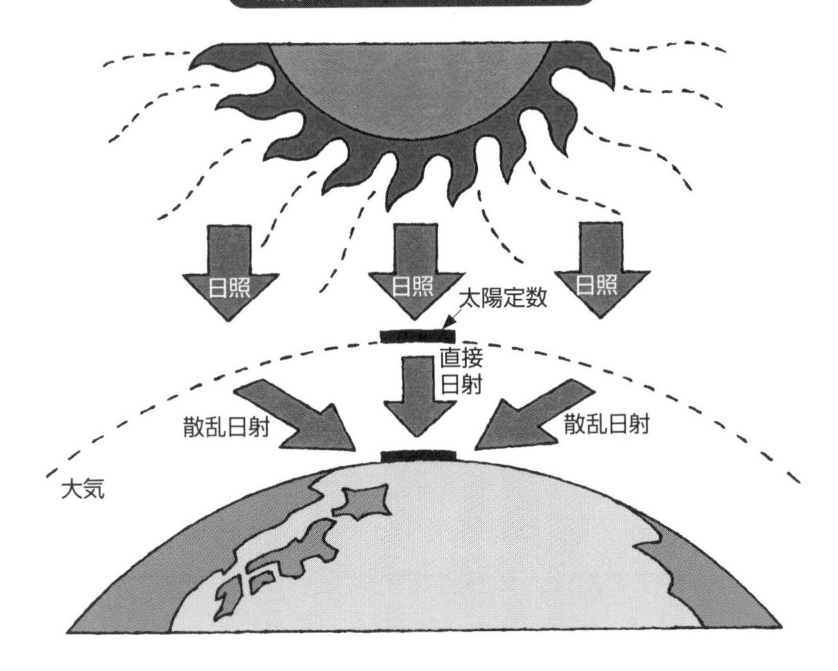

日射の影響を少なくするには

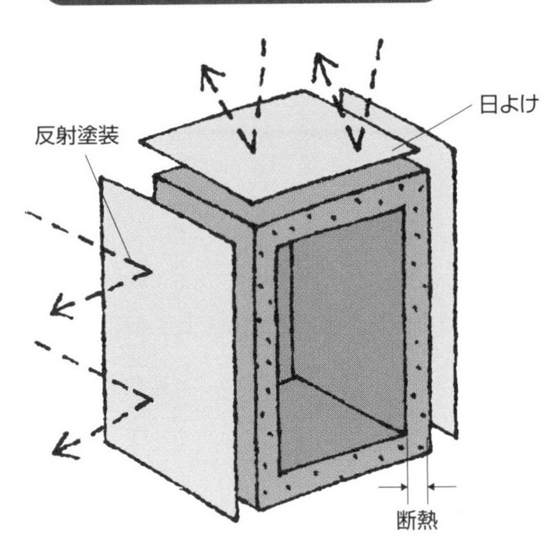

注）参考:NEDO日射量データベース閲覧システム
（https://appww2.infoc.nedo.go.jp/appww/index.html）

25 発熱量が変動するもの

受動部品と能動部品

電気部品は大きく「受動部品」と「能動部品」の2つに分けることができます。

受動部品は単一の動作のみをする電気部品です。電圧をかけると、とあるひとつの定数で定められた挙動をします。抵抗やコイル、コンデンサなどが受動部品です。

能動部品は、自らの動作を変化させます。電源と入力・出力を持っており、入力指示によって動作を変化させ、電源を利用して出力を変化させます。トランジスタやアンプ、CPU・GPU、それらを統合したSoCなどの集積回路が能動部品です。

能動部品も受動部品も電気を消費して熱を出すのは同じですが、熱設計でちょっと注意が必要なのは能動部品の方です。

受動部品は動作が単一なので、消費電力(=発熱量)は簡単に予測できます。

しかし**能動部品は動作によって消費電力が変化する**ので、温度評価をする際には予め「**熱設計の基準となる動作**」を定めておく必要があります。

特にPCの頭脳であるSoCなどは、内部で動作させるソフトウェアや動作クロック周波数によって大きく消費電力が変動します。

「**SoCが持つすべての機能を最大の動作周波数でフルに動作させた時**」を基準として熱設計をし、強力で高価な冷却機構を搭載すれば、どのような状況でも規格温度を超えることはなくなります。熱設計の担当者としては安心でしょう。

しかし実際にはSoCの全ての機能が同時にフル稼働することはまずあり得ないので、**無駄なコストアップ**をまねいていることになります。

ソフトウェア開発者とも綿密にやりとりし、**必要十分な熱設計**をしなければなりません。熱設計はハードウェア設計者だけの仕事ではないのです。

●ソフトウェア開発者とともに必要十分な熱設計をする
●能動部品は「熱設計の基準となる動作」を定める

受動部品の例

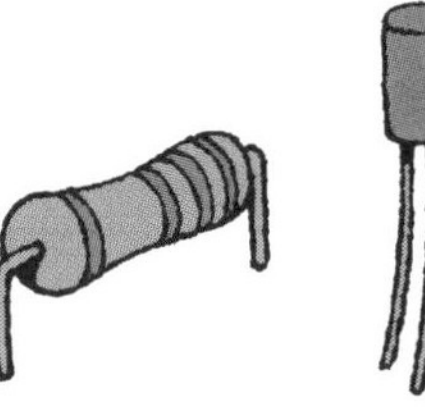

抵抗　コンデンサ　トランス　コイル

能動部品の例

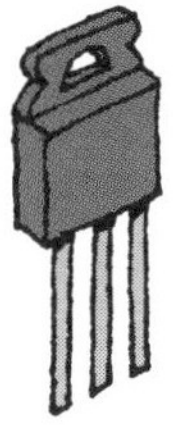

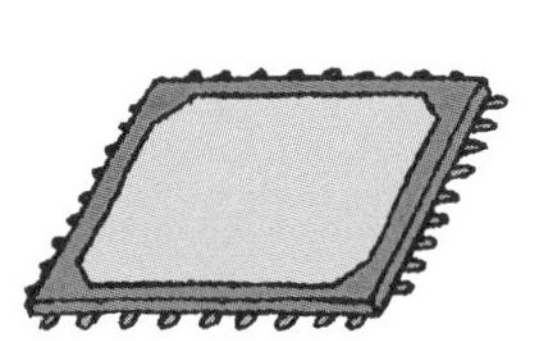

トランジスタ　IC　LSI

「熱設計上の基準の動作」を適切に設定する

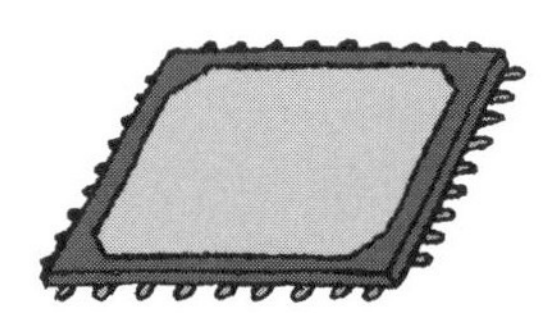

アイドリングを基準に熱設計
→冷却能力足りない
→許容温度を超えてしまう

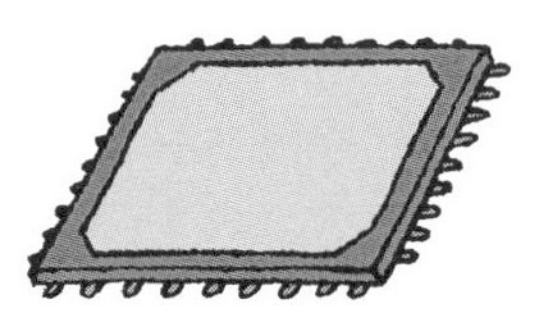

フル稼働を基準に熱設計
→強力な冷却能力
→ムダにコストアップ

26 測定温度と環境温度

製品保証の最高温度でも大丈夫?

ここからは、その他に熱設計をするうえで覚えておいてもらいたいことを2つご紹介します。

まずは温度の測定について。

製品の各部の温度は、環境温度によっても上下します。**環境温度が25℃の時に50℃になる部品は、環境温度が35℃になると、60℃になるのです。**

例えばあなたが設計している製品の「使用温度範囲」が0℃から35℃だったとします。これは、お客様に対して「**0℃から35℃の範囲で使って下さいね**」ということです。

メーカーはこの温度範囲であればきちんと動作する製品を作らねばなりません。

熱設計者は、上限の温度である35℃環境下でも、製品の全ての部位が許容温度範囲内に収まっていることを、測定して確認する必要があります。

とは言え必ずしも35℃環境下で測定しなければならないわけではありません。もし環境温度25℃で測定したのであれば、そのときの測定温度に10℃を足して35℃環境下での温度に換算し、OKかどうかを判定することも可能です。

- **製品のすべての部位が**
- **想定する使用環境温度の全域で**(通常は上限)
- **適切な温度以下に保たれる**

ようにするのが熱設計者の仕事です。

想定に対してギリギリで設計するわけにもいきません。5℃~10℃くらいの余裕も見込んでおくべきでしょう。その場合は、環境温度40℃~45℃に換算してOKであることを確認しましょう。

要点BOX
- ●製品の温度は環境温度の影響を受ける
- ●5℃~10℃くらいの余裕を見込んでおく

使用温度範囲の確認

測定環境25℃　測定温度55℃

→温度上昇$\varDelta T$=55℃-25℃=30℃

想定上限35℃　マージン5℃

→40℃に換算した温度

=40℃+30℃=70℃

部品の定格温度：80℃

→70℃<80℃なのでOK!

27 動作温度と保存温度

輸送中や保管中も大丈夫?

ここまでは「製品は動作中に熱で壊れちゃいけない」というお話でした。最後にもう1つ、大事なことがあります。「**製品の輸送中や、倉庫での保管中にも壊れちゃいけない**」ということです。

製品にもよりますが、例えば家電製品であれば、お客様が製品を使う環境は、高くても35℃くらいまでを見込んでおけば大丈夫でしょう。40℃の部屋で音楽を聴いたりゲームをしたりする人はそういないでしょうから。

しかし、輸送中のコンテナの中や倉庫での保管中は、もっと高い温度になります。

真夏の倉庫は簡単に50℃を超えます。また、**貨物船での輸送で、赤道を通過するような航路**の場合は、船底に近い場所に置かれたコンテナの中は60℃近くまで達することもあるようです。

販売店に届いた時点で、大量の製品がすべて壊れてしまっていては、大損害ですね。

こうならないよう「**高温保存試験**」を行って、問題がないことを確認します。

この試験は、**輸送や倉庫保管を前提**としているので、**製品には通電せずに、梱包箱に入った状態で実施**します。そのかわり、温度は55℃や60℃といった高温で、湿度も90%といった高湿度で実施することが多いです。

これはお客様に対する保証ではなく、**製品の実力確保が目的**なので、製品に明記する必要はありませんが、社内スペックとして管理し、開発中にしっかりと評価するべきでしょう。

「発熱する製品の熱設計」とはちょっと毛色の違うお話ですが、お客様に安心して買って頂く製品を設計するうえでは大事なことです。

要点BOX
- ●輸送中や保管中にも熱の問題がある
- ●高温保存試験で製品の実力を確保する

倉庫やコンテナの中は高温になる

輸送中は直射日光などでさらに高温になることもある

Column

実装技術ってなに?

むかし大学を出て電機メーカーに就職したときに、配属先が「実装技術部」と聞かされて思わず「実装技術部ってなに?」と聞いたことを今でも覚えています。それは学生時代には聞いたことのない単語でした。私の問いに人事部の担当者は「機械屋の集団だよ」と答えてくれ、機械工学を専攻した私はひと安心したものでした。

「実装」を辞書で調べると、「装置などを構成する部品を実際に取りつけること」と「コンピュータのハードやソフトに新たな機能を組み込むこと」という2つの意味が書いてあります。

新入社員の私が実際にどんな仕事をしたかというと、まず発行図面の仕分け作業で図番体系を覚え、次に部品図設計で機械設計を理解し、その次に基板の基本寸法図(基板外形や部品搭載領域、実装ロボット用の基準位置などが書かれている図面)を設計しました。その後に簡単な装置の組立図を設計することで、装置内への部品配置方法、配線設計や製造工程などを理解し、そして基板組立図の設計で、はんだ付けのしくみや回路構成に沿った部品レイアウト方法などを学んでいったのです。これらを学んだ後に仕様書や商品企画書などの作成に参画するようになりました。

この間にやったことは単に図面を描くだけではなく、裏づけを取るための調査や計算、実験や解析、そして数学、物理、化学、機械工学、電気・電子工学など関連学問と、品質・コスト・納期に関わる物的・人的な課題解決法などの習得と実践を行いました。

こうやって書いてみると、「雑学」としかいいようのないほど多種多様な内容を習得することで私の設計人生は成り立っているようですが、でも「装置などを構成する部品を実際に取りつけること」の本質をよく表していると思います。つまり「見るのとやるのでは大違い」なのであって、やるにはそれなりの準備が必要なのです。

したがって「実装技術ってなに?」の答えは「雑学の集大成」なのです。

第3章 熱の通り道を広くする

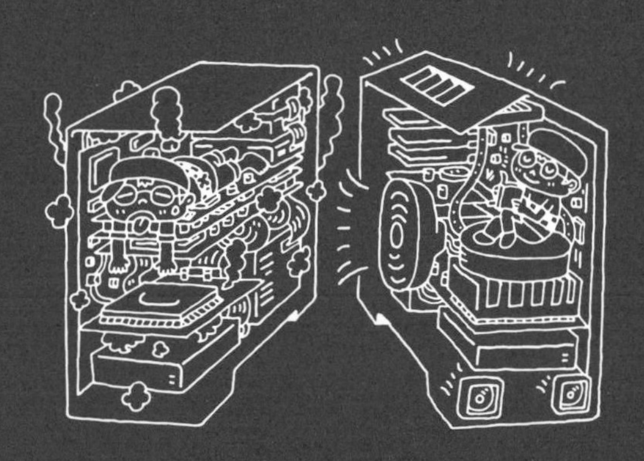

28 熱の通り道

熱はどこを通って逃げるのか？

電気製品の内部で発生した熱エネルギーは、絶対に消してなくすことはできません。エネルギー保存則があるからです。発熱源で発生した熱は、様々なルートを通って製品の外に移動していきますが、その方法は「熱伝導」「熱伝達（対流）」「熱放射」の3通りです。

機器内の熱エネルギーの移動ルートにはどのようなものがあるのでしょうか。

例えばＰＣの中の電子部品であれば、大元の発熱源はパッケージの中にある半導体素子です。

この素子で発生した熱は、パッケージの内部を通って表面に「伝導」します。内部の配線を伝わって端子経由で基板に伝わる熱もあるでしょう。

パッケージの表面からは、「熱伝達」と「熱放射」によって熱が出ていきますが、その熱の行先はまだ機器の内部です。放射の場合は隣の部品です。隣に何もなければ、最終的には筐体の内壁に伝わり、壁を通過して、外装面から放熱されます。また熱伝達の場合は、機器の内部の空気に熱が移動します。この空気から筐体の内壁にもう一度「熱伝達」し、筐体経由で出ていくことになるでしょう。この空気をそのまま出してしまう方が手っ取り早いですね。つまり空気ごと熱を排出してしまう「換気」はとても効果的な放熱手段です。

ここで熱移動3形態の公式をおさらいしましょう（左ページ）。熱の移動量は3つとも「面積」に比例して大きくなっていますね。

熱の移動をスムースにしようと思ったら、まずは伝熱面積を大きくすることです。道路の渋滞を解消するために、道幅を広げるのと同じです

熱い部品を冷やさなきゃ！と焦る前に、冷静に熱のルートとその種類を把握しましょう。どこで渋滞が発生しているか!?

「冷やす」のではなく「移す」のです！

要点BOX

- 電子機器内の熱エネルギーのルートは3つある
- 「伝導」「熱伝達」「熱放射」
- 「冷やす」のではなく、「移す」ことが大事

機器の放熱ルートと熱移動形態

部品内部で発生した熱は、熱伝導、熱伝達、熱放射で外気へと逃げていきます。

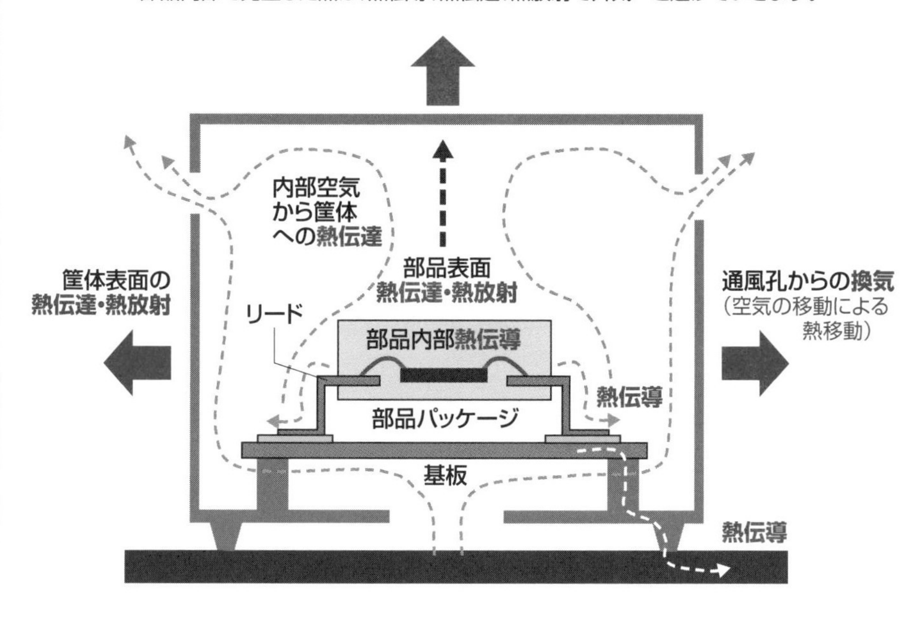

熱移動に関わるパラメータ

① **熱伝達による伝熱量[W] ＝ $\frac{\text{熱伝導率[W/mk]} \times \text{断面積}[m^2]}{\text{長さ[m]}}$ × 両端の温度差[K]**

② **熱伝達による伝熱量[W] ＝ 熱伝達率[W/(m^2・K)] × 表面積 [m^2]× 温度差 [K]**

③ **熱放射による伝熱量[W] ＝ 5.67×10^{-8} × 放射率 × 表面積**
× (高温面の絶対温度^4 － 低温面の絶対温度^4)

絶対温度[K] ＝ 摂氏温度[℃] ＋ 273.15

伝熱の基礎式①～③に加え、電子機器では温まった空気が通風口から
持ち出す熱（換気放熱）を下式で表します。

④ **換気による伝熱量[W] ＝ 空気の密度[kg/m^3]×空気の比熱[J/kg・K]×換気風量[m^3/s]**
×機器内部空気の温度上昇

29 熱のメインストリートは2つ

製品ごとに選ぶ道は異なる

電子機器の熱はさまざまな道を通って逃げますが、放っておくと渋滞が発生します。設計時に通り道を決めて広げておかなければなりません。これが熱設計です。

電子機器の冷却は左図のように部品から筐体まで伝導で熱を運ぶ方法（図a）と、部品の熱を周りの空気に載せ、その空気を動かして外に排熱する方法（図b）の2つに分類できます。

（a）はスマホやデジカメ、車載機器など、密閉型の機器でよく使われる方法で、ここでは筐体伝導放熱と呼びます。これは熱伝導の「バケツリレー」で順番に熱を運んでいく方法です。どこかでさぼったり、バトンを落としたりすると、熱は伝わらなくなります。そのため、ボトルネックを作らないようにします。部品から基板や筐体に熱を伝導させるしかないので、固体間の接触面積を大きくとるのがポイントです。

一方、（b）は、ファンや温まった空気の浮力によって、空気の流れ（ベルトコンベア）を作り、そこに熱を載せて運び出す方式です。

この方式では、部品の熱を周りの空気にうまくのせるため、ヒートシンクをつけるなど、空気と触れ合う部分の面積を大きくします。また熱をもらって温まった空気を素早く外に運び出すため、換気ファンや通風口でベルトコンベアのスピードを上げます。この方式は（a）よりも放熱能力が大きいので、サーバ、ゲーム機、パワエレなど発熱の大きい機器で使われます。

最近のノートパソコンなどでは、（a）と（b）の両方を採り入れた冷却方式（図c）も使われます。発熱が小さいときは冷却ファンを回さず、筐体放熱主体で逃がします。発熱が増えると冷却ファンを動作させて換気します。こうした方式をとることで、騒音の低減やバッテリの持ちを良くするなどの効果が期待できます。

要点BOX
- ●電子機器の冷却（放熱）は「伝導」で熱を運ぶか、空気に載せて「排熱」する
- ●両方の良さを活かしたハイブリッド方式もある

電子機器の冷却方法

(a)筐体伝導型機器

部品から基板や筐体に熱を拡散するため、接触面積を増やし、筐体表面積を大きくとる

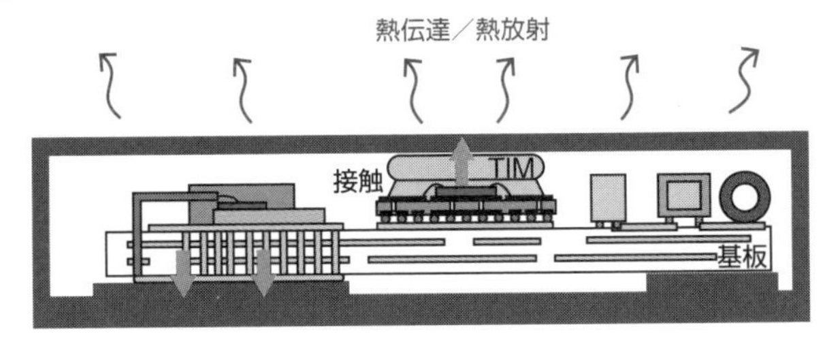

機器表面に伝えて
熱伝達と熱放射で
逃がす

(b)通風換気型機器

部品にヒートシンクを付けて表面積を大きくし、換気によって温まった空気を運び出す

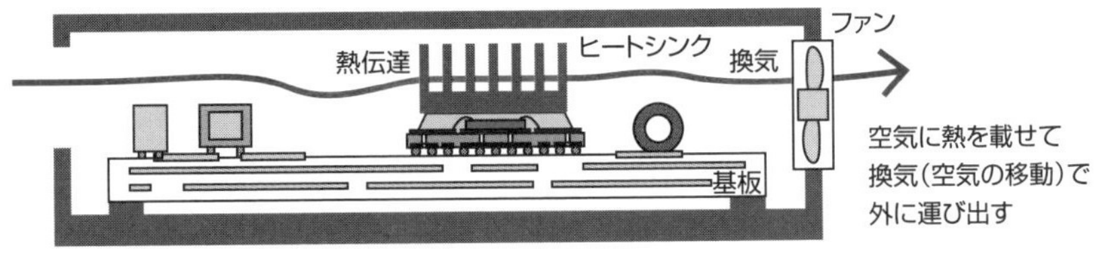

空気に熱を載せて
換気(空気の移動)で
外に運び出す

(c)ハイブリッド型機器

接触面積とヒートシンク表面積の両方を大きくし、筐体表面の放熱とヒートシンクの放熱の両方を活用する。
発熱が小さい場合はファンは動作させない。

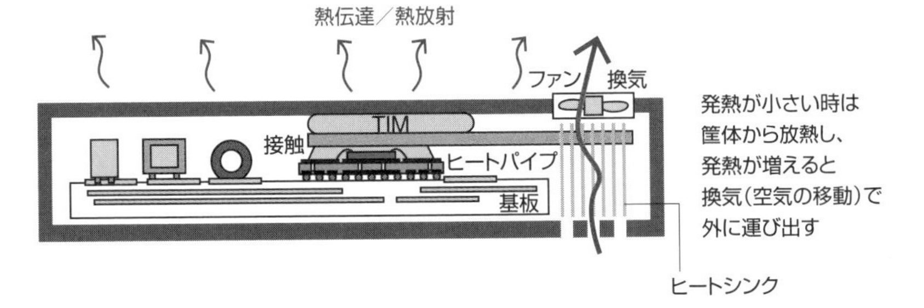

発熱が小さい時は
筐体から放熱し、
発熱が増えると
換気(空気の移動)で
外に運び出す

30 熱の通り道の広さ・狭さは「熱抵抗」でわかる

熱設計に不可欠な「熱抵抗」

熱の通り道を広くすることが熱設計の目的ですが、では、道幅をどのような指標でとらえればよいでしょうか？　それが「熱抵抗」です。電気と熱の相似性から発生した言葉なので、エレキ屋さんにはわかりやすい反面、メカ屋さんにはピンとこないかもしれませんね。ひとまず、熱抵抗は「1W流れた時の温度上昇」と考えてください。

ではなぜ温度で考えないか？それは温度では道幅が表現できないからです。温度は道が混んだ・空いたの結果です。渋滞を防ぐために「道幅をこうしよう」が熱抵抗なのです。

2Wの部品の温度上昇が50℃だったとします。これは結果なので、温度上昇を発熱量で割って、熱抵抗25℃／Wとすると、これが今の道幅です。交通量が増えて発熱量が3Wになったとき、道幅が同じなら温度上昇は25℃／W×3W＝75℃です。

熱抵抗は構造と直結します。例えば3W発熱しても30℃しか上がらないようにしたいなら、熱抵抗を10℃／Wにしなければなりませんよね。10℃／Wを実現するには3万立方ミリメートル（50×50㎜のベースプレートにフィン高さ12㎜）程度の自然空冷フィンを付ければよいのです。

また熱抵抗には電気回路で成り立つ法則が使えます。電気抵抗の直列則や並列則、キルヒホフの法則などです。部品に10℃／Wのヒートシンクを2つつければ5℃／Wになります。1℃／Wの放熱シートを2枚重ねて使うと2℃／Wになります。

部品→放熱シート→ヒートシンク→空気というような直列熱抵抗で構成される放熱経路は一番熱抵抗の大きいところをつぶさないと性能はでません。並列では小さい熱抵抗のパスを加えると一挙に温度が下がります。例えば部品と筐体を熱伝導体でつなぐことで並列熱抵抗のパスができ、部品温度を下げることができます。熱抵抗で考えると簡単ですよね。

要点BOX

- 定量的な検討時の推定として「熱抵抗」による計算が行われる
- 熱抵抗にも「直列則」と「並列則」がある

熱のオームの法則

圧力P	流量Q	抵抗R
電圧(V)	電流(A)	電気抵抗(Ω)
温度(℃)	熱流量(W)	熱抵抗(℃/W)

オームの法則 $P = Q \times R$

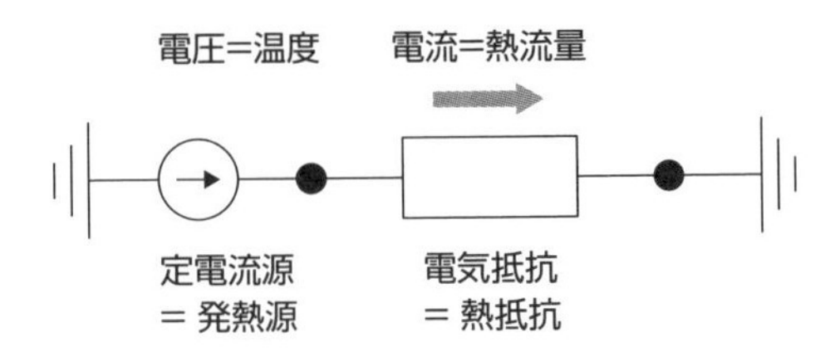

直列熱抵抗

熱抵抗の大きいところがボトルネック
放熱シートが厚いと熱は逃げない

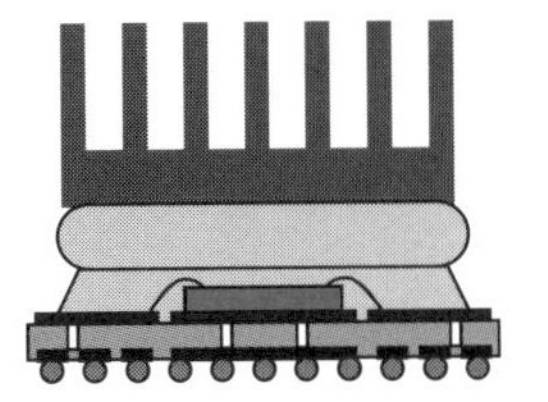

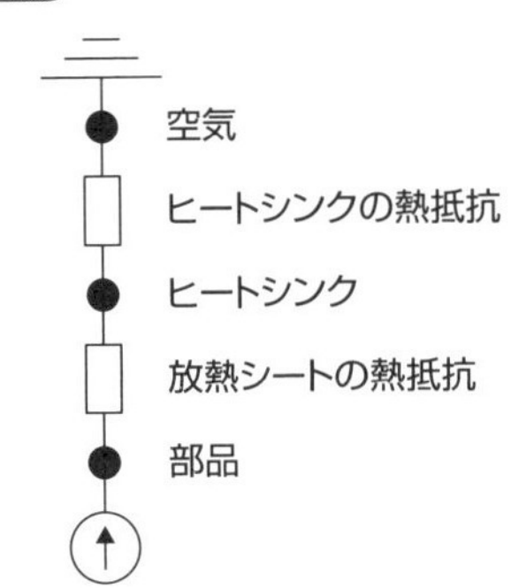

並列熱抵抗

同じ熱抵抗を並列に入れると1/2に

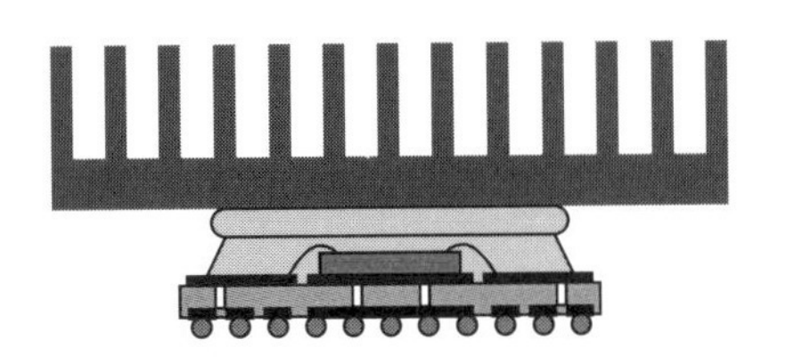

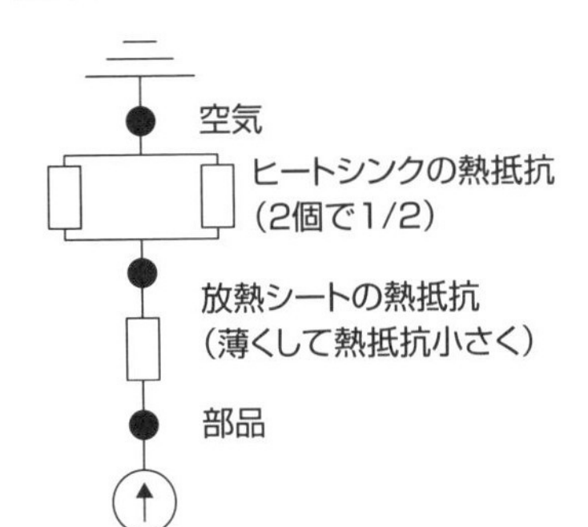

31 熱設計とは放熱路を目標温度になる「道幅」にすること

熱設計と目標熱抵抗

熱抵抗は2点間の温度差とその間を通過する熱流量の関係を示したシンプルな概念なので、熱の通り道すべてに適用できます。

第1章で説明した伝熱量の計算式は熱抵抗に書き換えると左頁のようになります。この式から、熱の通り道を広げる方法は、熱伝導では、①断面積（熱の通り道）を大きくする、②長さ（熱が伝わる距離）を短くする、③材料を変えて熱伝導率を大きくする、の3つしかないことがわかります。熱伝達では、①表面積を大きくする、②風速を上げる、③放熱面（代表長）を短くすることだけです。熱放射も、①表面積を大きくする、②放射率を増大させる、ことだけになります。設計に使えるパラメータは意外と少ないですね。

実際の熱設計ではこの3式に加え、「換気の熱抵抗」を考えます。これは筐体に冷たい空気が入り、温められて高温になって、通風口から出ていくことで持ち出される熱（換気放熱）を表します。空気の密度と比熱は物性値なので、掛け合わせると大体1100～1200くらいになります。この式では設計に使えるパラメータは換気風量だけ、ということになります。

もうひとつ重要なことは、「実現しなければならない熱抵抗」は最初から決まっているということです。例えば、「最大100Wの発熱を持つ部品を50℃の環境で使っても表面温度がMAX100℃を超えてはいけない」という要求があったとします。これを実現するためには、この部品の熱抵抗を

熱抵抗≦（100-50）÷100＝0.5［℃/W］

にしなければなりません。この熱抵抗を「目標熱抵抗」と呼びます。熱設計の最終目標は温度になりますが、熱対策を考えるときには温度を目標にしません。熱抵抗を目標にして温度を実現できる道幅を決め、準備しておくのが熱設計なのです。

要点BOX
●熱の通り道を広げる方法は意外と少ない
●熱対策では熱抵抗を目標にする

熱抵抗の計算式

❶ 熱伝導による熱抵抗[℃/W] = $\dfrac{\text{長さ[m]}}{\text{熱伝導率[W/mk]} \times \text{断面積}[m^2]}$

❷ 熱伝達による熱抵抗[℃/W] = $\dfrac{1}{\text{対流熱伝達率}[W/m^2k] \times \text{表面積}[m^2]}$

※対流熱伝達率は**風速**[m/s]や発熱体の**代表寸法**[m]で決まります

❸ 熱放射の熱抵抗[℃/W] = $\dfrac{1}{\text{放射の熱伝達率}[W/m^2K] \times \text{表面積}[m^2]}$

※放射の熱伝達率
　$= 5.67 \times 10^{-8} \times$ **放射率** $\times$（高温面の絶対温度^2 + 低温面の絶対温度^2）
　$\times$（高温面の絶対温度 + 低温面の絶対温度）

❹ 換気の熱抵抗[℃/W] = $\dfrac{1}{\text{空気の密度}[kg/m^3] \times \text{空気の比熱[J/kgK]} \times \text{換気風量}[m^3]}$

注）熱抵抗は国際単位系ではK/Wになります。

熱設計の要件

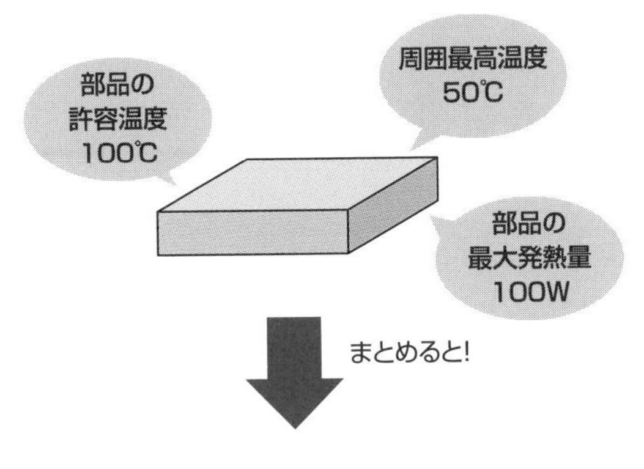

まとめると!

部品の熱抵抗[℃/W] = $\dfrac{100[℃] - 50[℃]}{100[W]}$ = 0.5[℃/W]（目標熱抵抗）

この熱抵抗が実現できれば熱設計要件を満足できる!

32 フィンを設けて放熱面積を増やす

放熱器による伝熱面積の拡大

熱抵抗を下げる手段として最もよく使われるのが伝熱面積の拡大です。固体どうしや固体と空気が触れ合う面積を広くとれば、面積に比例して熱がよく伝わるようになり、熱抵抗が下がります。

この代表例がヒートシンク(放熱器)です。表面にフィンを設けて物理的に表面積を大きくします。ただし、フィン枚数を増やせば、表面積が増えて温度がドンドン下がるわけではありません。フィンをたくさん設けすぎるとフィンとフィンの間が狭くなり、空気が通りにくくなります。そのため、かえって温度が上がってしまいます。

逆にフィン枚数が少ないと表面積が小さいためあまり温度が下がりません。結局、フィン枚数が多すぎても少なすぎてもだめで、ヒートシンクにはちょうど良いフィンの枚数(フィンの間隔)が存在するのです。

発熱体表面には温められた空気の層(温度境界層)が形成されます。これが邪魔をして熱の逃げを悪くします。特にフィンの間が狭いと隣接するフィンの温度境界層どうしが干渉して極端に放熱が悪くなるのです。温度境界層が干渉しないぎりぎりの隙間がベストです。自然対流フィンではこのベストな間隔が次式で概算できます。

最適フィン間隙(mm)＝
5×[フィンの長さ／(フィン熱抵抗×発熱量)]$^{0.25}$

強制空冷フィンでは、温度境界層が吹き飛ばされて薄くなるので、自然空冷フィンより最適フィン間隔が狭く、おおよそ半分なります。

フィン枚数を適切に設定したヒートシンクの熱抵抗はおおよそ外形の体積(包絡体積)で決まり、グラフのようになります。自然空冷フィンは温度上昇が大きいと放熱が活発になり熱抵抗は下がります。

強制空冷では、風速によって熱抵抗が異なるため、風速に応じた複数のラインで示されます。

要点BOX

- ●放熱対策の典型例がヒートシンク
- ●ヒートシンクには最適なフィン枚数(フィン間隔)がある

ヒートシンクの最適フィン

フィン枚数は多すぎても少なすぎても温度が高くなる。
最適フィン枚数にすることでコンパクトなヒートシンクを設計できる。

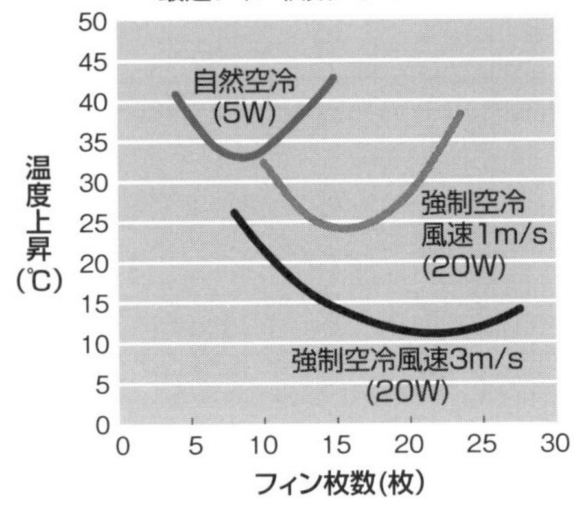

ベース50×50mm、フィン高さ25mmの
ヒートシンクによるシミュレーション結果
自然空冷では5W
強制空冷では20W
(断面30×60mmのダクト内に実装)

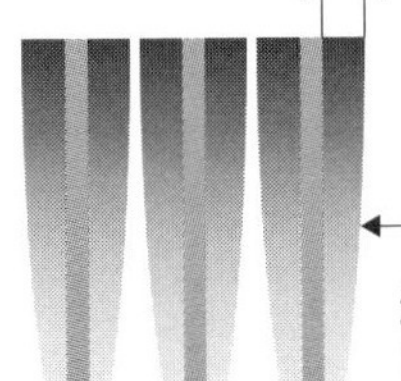

温度境界層は上に行くほど厚くなる。
フィンの温度境界層が干渉しない範囲で設計する。

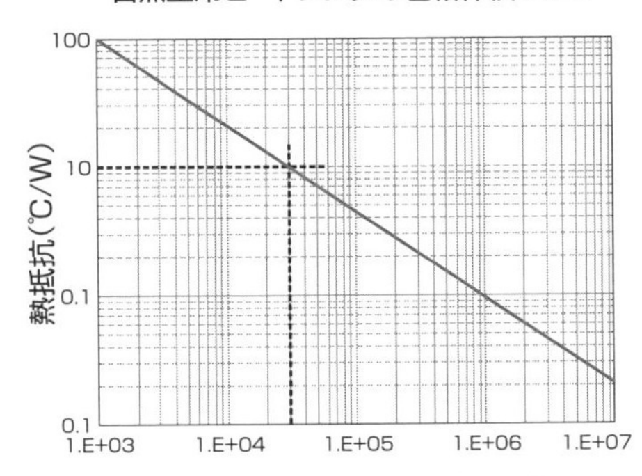

熱抵抗10℃/Wのヒートシンクの
包絡体積は30000mm³
(50×50×12)と概算できる。

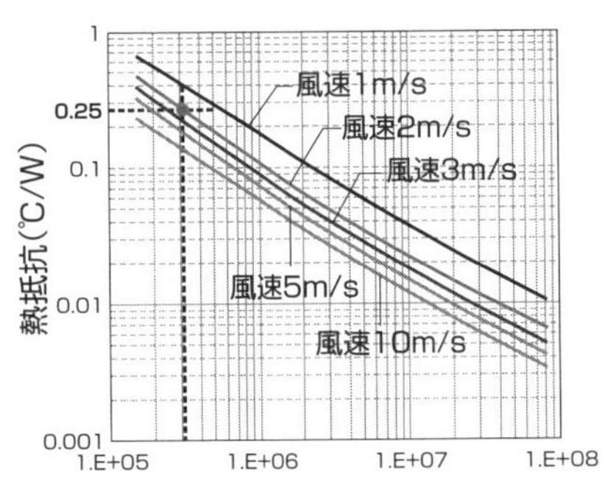

例えば120WのCPUを50℃の空気で冷やし、
80℃以下にするには
熱抵抗<(80-50)/120
=0.25K/Wなので、
2m/sの風速なら3×10^5mm³程度の大きさの
ヒートシンク (100×100×30mm)が必要

33 熱を拡散して冷やす

ヒートスプレッダを活用しよう

ヒートシンクは代表的な放熱部品ですが、スマホのような小型機器には実装できませんし、デザイン上、筐体表面にフィンを設けるわけにもいきませんよね。そんな場合は「ヒートスプレッダ」を利用し、表面積を増やさず熱を広い面に拡散し熱源がホットスポットになるのを防ぎます。

アルミ板に熱源を載せれば冷えますが、同じ大きさの樹脂板に載せても冷えませんよね。アルミだと熱の伝導が良いので端まで熱が届きますが、樹脂だと端は冷たくなってしまいます。

板の温度が高い部分からしか空気には放熱しないので、樹脂では熱源の近くの狭いエリアのみ放熱に寄与します。アルミは全体の温度が上がるので、広い面から放熱します。物理的な表面積が同じでも放熱に使える表面積はまるで違うのですね。

このように表面積を増やさずに、温度を均一化することで放熱能力を高めるのが「ヒートスプレッダ」です。

例えば、樹脂の半導体パッケージはチップ直上部分にホットスポットができますが、ここに薄い金属板を貼るだけでも、温度が均一化されて熱源（チップ）の温度は下がります。

ヒートスプレッダは面方向に熱を伝える能力が大切なので、厚みを増したり、熱伝導率を大きくしたりして性能向上を図ります。

筐体が樹脂モールドの場合など、熱伝導率の増大が困難なこともあります。そんな時は、熱伝導率の大きい材料、例えばグラファイト（黒鉛）シートや銅箔などを筐体裏面に貼って「等価な熱伝導率」を大きくします。等価熱伝導率は構成材料の熱伝導率を体積で重みづけして計算できます。また等価熱伝導率から熱源温度の予測もできます。

同様に基板の熱拡散能力を高めたければ、銅箔を厚くして、広めに残します。

要点BOX

- ●ヒートスプレッダは表面積を増やさずに放熱能力を高められる
- ●等価熱伝導率を大きくする材料もある

物理的表面積は同じでもアルミと樹脂では実効表面積が異なる

樹脂板に熱源を載せた時
熱が広がらないため、
熱源温度が高くなる

アルミ板に熱源を載せた時
全体が均一な温度になり、
熱源温度は下がる

プレートの温度

熱伝達

熱源

熱伝導

樹脂板の放熱面積
（温度が高い部分が局所）

アルミ板の放熱面積
（全体に温度が高く、熱は全面から逃げる）

ヒートスプレッダの効用

ヒートスプレッダなし

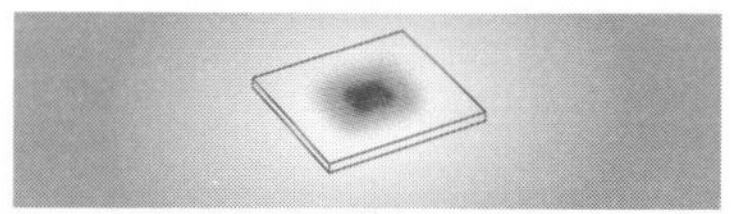

半導体パッケージ（□10㎜エポキシ）チップ直上だけがホットスポットになっている（チップ温度144℃）

ヒートスプレッダあり

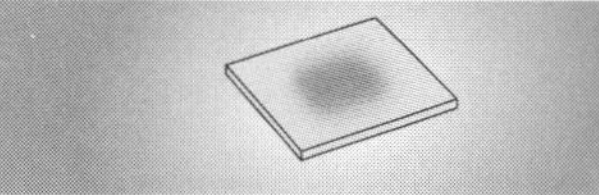

パッケージ上面に厚み0.1㎜のアルミを貼る。熱が拡散してホットスポットが解消（チップ温度128℃）

複合材の等価熱伝導率計算

熱伝導率0.3W/mK、厚み1㎜のモールドカバーの内側に熱伝導率800W/mK、厚み70μmのグラファイトシートを貼ると、熱伝導率が52.6W/mKになったのと同じ面方向の熱拡散性能を持つ。ただし、厚み方向の熱拡散はほとんど変わらない

モールドカバー
厚さ：1㎜
熱伝導率：0.3W/mK

グラファイトシート
厚さ：0.07㎜
熱伝導率：800W/mK

グラファイトシートを貼った後の等価熱伝導率[W/mK]

$$= \frac{\text{カバーの熱伝導率} \times \text{カバーの厚み} + \text{グラファイトの熱伝導率} \times \text{グラファイトの厚み}}{\text{トータル厚み}} = 52.6\text{W/mK}$$

基板の熱伝導率と部品の温度

銅箔を厚くして多めに残すことにより、基板の等価熱伝導率は増大する。それに伴い、実装した小型部品の温度も大幅に低減される。

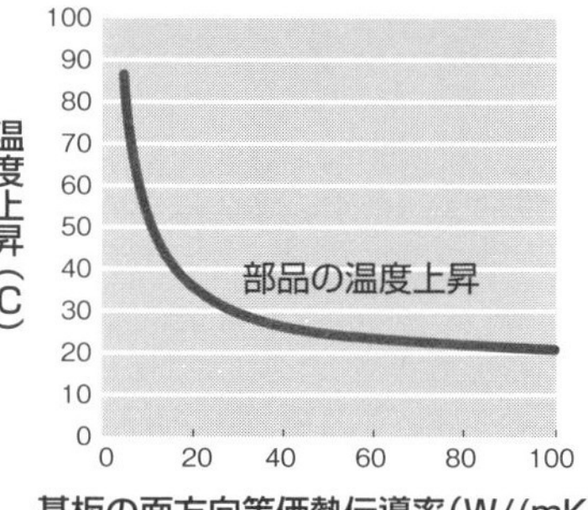

●シミュレーション条件
部品の発熱量＝1W
部品サイズ　3.5×3.5×0.8㎜
基板サイズ　50×50×1.6㎜
部品−基板間熱抵抗＝0℃/W
基板放射率＝部品放射率＝0.8
周囲温度25℃
自然対流、垂直置き

34 筐体に熱を逃がす！

筐体は最強のヒートシンク

基板放熱は効果的ですが、あまり発熱の大きい部品の熱を基板に逃がすと、地面（基板）の温度が上昇し、他の部品が迷惑します。そこで部品の熱を筐体に逃がす「筐体放熱」を使います。

筐体放熱を行うと、筐体に接触させた部品の温度が下がるだけでなく、内部空気温度も下がります。これは部品の熱が直接外気に放熱されて内部空気に伝わらなくなるためです。

部品の熱を筐体に伝える方法は2通りあります。部品を直接筐体につける方法と基板を経由する方法です。どちらも重要なのは筐体との接触熱抵抗の低減です。

固体と固体のつなぎ目は一見しっかりくっついているように見えますが、細かい隙間がたくさんあいています。本当に接触している部分（真実接触面）はほんのわずかしかありません。例えば金属の場合、よほどの圧力を加えない限り、見かけの面積の1/10,000～1/100,000しかくっついていません。そのため、ここを熱が通過する際、大きな温度差を生じることがあります。

そこで接触熱抵抗低減材料（TIM：Thermal Interface Material）を使います。サーマルグリースは最も歴史が古く、高性能なTIMで、今でもCPUやパワーデバイスなど発熱量の大きい部品のヒートシンクには欠かせません。例えば、PS5ではさらに性能の高い液体金属グリースを採用しています。

熱伝導シートは固体なので、両面に接触部がありますが、グリースは材料が軟らかいため、隙間が少なくなり、熱抵抗が下がります。シートには少し強めの圧力をかけないと接触熱抵抗は下がりません。

最近では温度が上がると溶けて液状になるPCM（フェースチェンジマテリアル）、製造時には液状で、塗布後固化する「ギャップフィラー」もEVバッテリなどで採用が進んでいます。

要点BOX

- ●最強の手段は筐体による放熱
- ●部品から筐体と、基板から筐体の2つの方法
- ●ポイントは接触熱抵抗の低減

部品から筐体への放熱

●部品の熱を基板を経由して筐体に逃がす構造

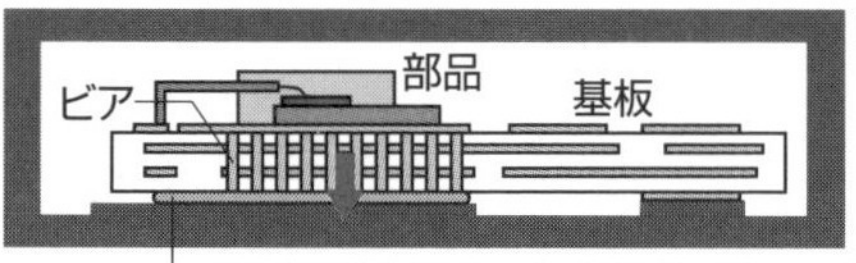

・パワーデバイスの冷却に使用することが多い
・部品裏面側に部品が搭載できない

●部品の熱を直接筐体に逃がす構造

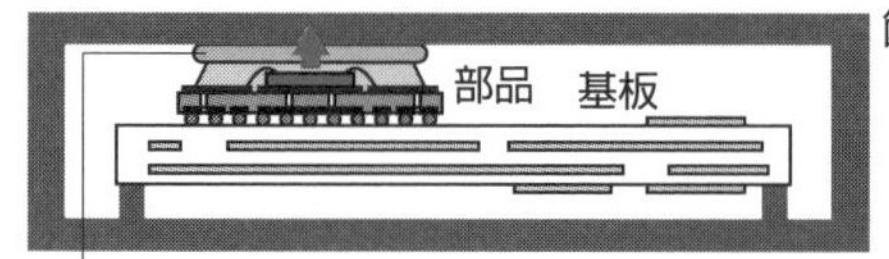

・ロジックデバイスの冷却に使用される。
・部品と筐体のギャップがばらつくので厚くて軟らかいTIMが必要

接触熱抵抗のメカニズム

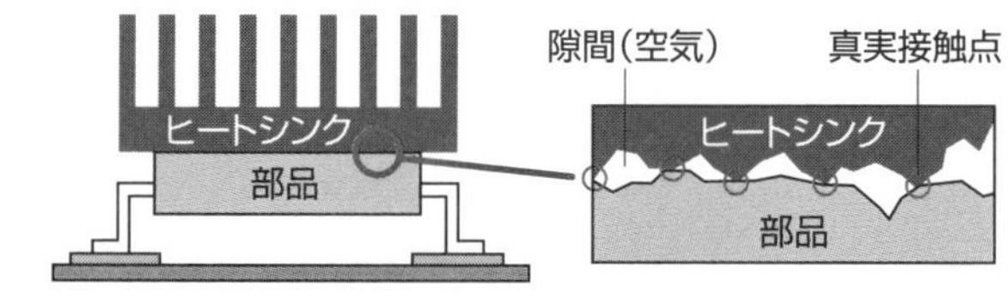

固体どうしがくっついているように見えても、表面の凹凸により、接触面積は非常に小さい。

各種放熱材料(TIM)

Thermal Interface Materials	接触熱抵抗 (K·cm²/W)	記事
サーマルグリース	0.2〜1	最も歴史のあるTIM 均一に塗布するには治具が必要 ポンプアウト/オイルブリード等に注意 300kPa程度の接触圧が最適
熱伝導シート	1〜3	絶縁性がある。取扱い容易 高硬度と低硬度品がある 高硬度品は700kPa程度の圧力が必要
高熱伝導接着剤	0.15〜1	強度信頼性に優れる リワークは困難
サーマルテープ	1〜4	熱伝導性の両面接着テープ ヒートシンク接着などに使われる
PCM(相変化材料)	0.3〜0.7	融点50〜80℃のワックス 予めデバイスやヒートシンクに塗布できる リワークは困難
ギャップフィラー	0.4〜0.8	グリースに似ているがキュア(硬化)できる 接着性はないが粘着性はある

35 意外と知らない「熱放射」の活用

塗っただけでこんなに下がる！

ヒートシンクやファンはイメージしやすい熱対策ですが、塗装や表面処理で温度が下がることは意外と知られていません。

熱エネルギーは原子の振動（格子振動）で、振動に伴って電磁波（主に赤外線）を放出することは第2章で説明しました。しかし、金属はちょっと違います。金属には大量の自由電子があり、熱エネルギーを自由電子の運動として持ちます。このため原子の振動がほとんど起こらないのです。原子の振動が起こらなければ、電磁波による熱の放出はありません。金属は自由電子が動き回れるおかげで、内部の熱の移動は速い（熱伝導が良い）のですが、表面からは熱を逃がしにくいのです。

百聞は一見にしかず、表面処理の異なるアルミ放熱プレートを基板に取り付けて、部品温度を測ってみました。まずピカピカのアルミ板を付けると、部品の平均温度上昇は45・4℃（温度69・4℃）になりました。次に黒色塗装したアルミ板を付けると、34・6℃になりました。なんと！塗っただけで10℃以上温度が下がったのです。表面を塗装（絶縁）することで、自由電子がなくなり、格子振動が起こるようになったためです。表面を塗ったから下がったというより、塗る前の金属の温度が高すぎたのですね。放熱を考えたら、できるだけ金属面をむき出しにしないことです。金属表面を絶縁にさえすれば自由電子がなくなり、熱放射が起こるので色は関係しません。ビニールテープを貼っても、酸化被膜を生成しても同じ効果を得ることができます。

熱放射が効果を発揮するかどうかは、熱伝達の大きさに依存します。ファンを使った強制空冷では熱伝達が活発になり、相対的に熱放射の割合は減ります。また表面にフィンを設けると熱伝達は増えますが、赤外線はフィン間で相互反射するだけで外に出ないので、熱放射の割合は減ります。

要点BOX
- ●金属面は熱放射が少なく熱を逃しにくい
- ●金属表面の塗装（絶縁）により熱放射が活発になる

塗装で温度が下がる

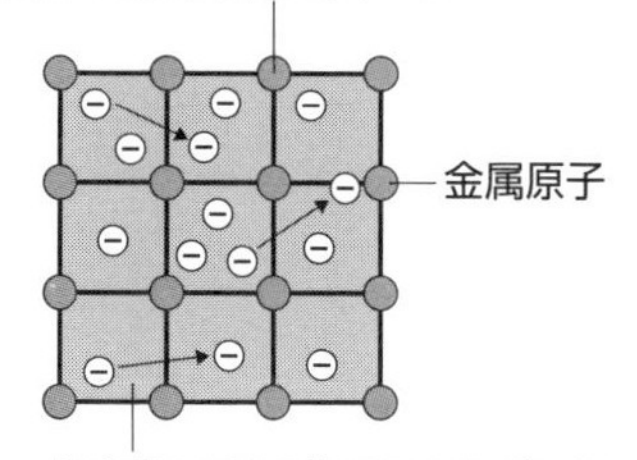

金属むき出しの面

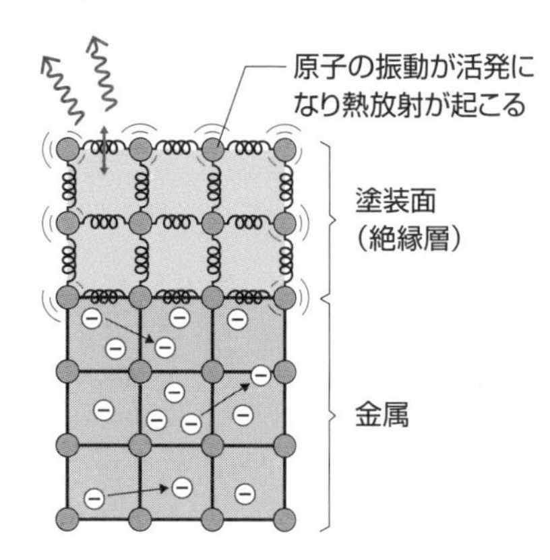

表面に塗装(絶縁面形成)する

アルミ放熱プレートで冷却

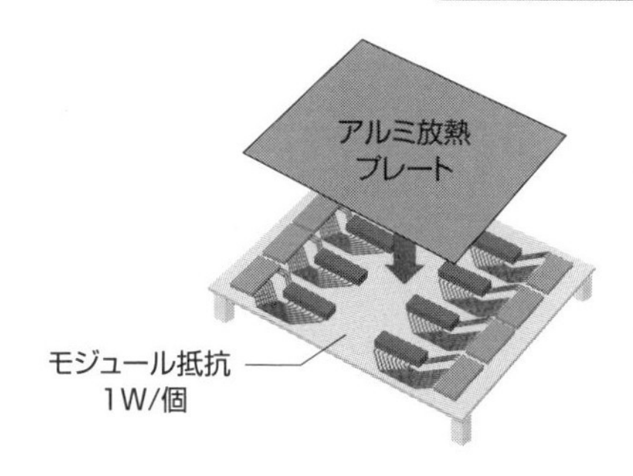

・モジュール抵抗8個を実装した130×100㎜の基板にサーマルグリースを塗布した□100㎜のアルミ板を取り付ける。
・基板には合計8Wの電力を印加する。
・異なった表面処理を施したアルミ板を5種類用意し、表面処理の違いによる温度差を観測した。

部品の温度測定結果　　周囲温度24℃

表面処理	放射率(測定値)	平均温度上昇	温度低減率
アルミ金属面	0.06〜0.07	45.4	0
黒色塗装(水性)	0.92〜0.93	34.6	−23.8%
白色塗装(油性)	0.92	34.8	−23.4%
黒色ビニールテープ貼	0.92	34.9	−23.0%
粗化面(やすり掛け)	0.17〜0.2	41.2	−9.4%

フィンを設けた面では熱放射の「割合」が減る

対流熱伝達が有効な面

熱伝達はフィンの平行面を含め、空気と接する面すべてで起こる

熱放射が有効な面

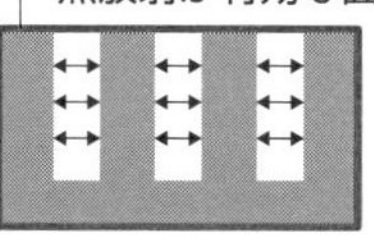

フィン平行面間の熱放射は外に出られないので、放射の放熱面としては除く。熱放射に効くのは包絡ブロック外側の表面になる

36 アルミ筐体より樹脂筐体のほうが冷える？

密閉筐体は熱放射で差が出る

熱放射は他の熱移動手段（熱伝導や熱伝達）が頼りないときに効果を発揮します。例えば、密閉ファンレスで部品の熱を直接筐体に逃がす構造を採らないときなど、部品から筐体までの伝熱ルートがはっきりしません。この状態だと熱放射が効きます。

左上図は、基板（モジュール抵抗を8個搭載し合計8W）を密閉機器に実装し、部品温度を測定したものです。全面金属ピカピカの筐体と全面に塗装を施した筐体を用意して付け替えます。なんと筐体を塗装するだけで、部品温度が25℃も下がったのです！筐体を樹脂にしても塗装と同じ効果が得られました。アルミより樹脂筐体のほうが圧倒的に冷えたのです。

これは筐体外面の塗装と内面の塗装によって2つの効果が重なった結果です。密閉筐体の外側からは熱伝達と熱放射で放熱しますが、金属ピカピカの面からはほとんど熱放射しません。熱放射がなければ、筐体表面の放熱能力は20％以上減り、その分、機器内部空気の温度が上昇します（約15℃上昇）。

もう1つは筐体内面の「照り返し」です。部品はモールドなので、熱放射は大きいのですが、せっかく筐体内側にまで達した赤外線は、ピカピカの筐体内面でほとんど反射されます。その結果、戻ってきた赤外線のエネルギーで部品が加熱されてしまうのです。

熱放射は周囲温度が高いほど効きます。周囲温度が100℃を超えるような車載機器では放射の活用は必須です。また、高度の高い場所で使われる機器は、空気の密度が下がって熱伝達が低下するので相対的に熱放射の重要度が増します。車や電車、航空機などでは気をつけなければなりませんね。

対策としては放射率（左下表）の高い表面処理を行う、熱源を直接筐体に接触させて放熱させるなどの手段が有効です。

要点BOX

- 密閉筐体では外表面だけではなく内表面の熱放射の影響も大きい
- 熱放射は周囲温度が高いほど効く

アルミ筐体と樹脂塗装筐体の熱放射比較例

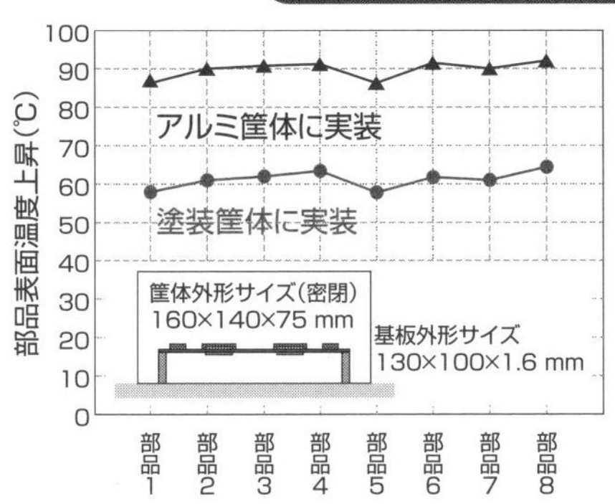

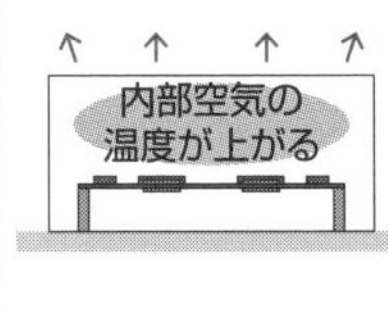

金属だと表面の熱放射が少ないため、筐体表面の放熱量が減る
その結果、内部空気温度が上がる

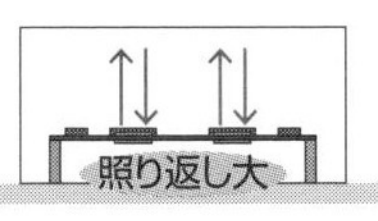

金属だと内面の赤外線吸収が少ないため、部品からの熱放射は反射され、ほとんど部品に戻る
その結果、部品温度が上がる

筐体をピカピカの金属にすると2つの理由で部品の温度が上がる

主な材料の放射率(熱放射しやすさの指標で、0～1の値をとる)

平滑に仕上げた金属面の放射率は著しく小さいが、酸化被膜や塗膜によって絶縁層を形成すれば大きくなる。

物質		表面状態	放射率	
			代表値	範囲
金属	アルミニウム	研磨面	0.05	0.04～0.06
		アルマイト処理面	0.8	0.7～0.9
		黒色アルマイト(放熱板)	0.95	0.94～0.96
	銅	機械加工面	0.07	
		酸化面	0.7	
		研磨面	0.03	0.02～0.04
		金めっき面	0.3	
		はんだめっき面	0.35	
	銅線	φ1.2すずめっき銅線	0.28	
		φ1.2ボルマル銅線	0.87	0.87～0.88
	鋼	研磨面	0.06	
		ロール面	0.66	
	銀	研磨面	0.02	
非金属	アルミナ		0.63	0.6～0.7
	プリント配線板	エポキシガラス、紙フェノール	0.8	
		テフロンガラス	0.8	
部品	厚膜IC	Pd／Ag	0.26	0.21(製造直後)～0.4
		誘電体	0.74	
		抵抗体	0.9	0.7～1.0
	抵抗器	購入状態	0.85	0.8～0.94
	コンデンサ	タンタルコンデンサ、電解コンデンサ	0.3	0.28～0.36
		その他のコンデンサ	0.92	0.9～0.95
	トランジスタ	黒色塗装	0.85	0.8～0.9
		金属ケース	0.35	0.3～0.4
	ダイオード		0.9	0.89～0.9
	IC	DIP･モールド品	0.85	0.89～0.93
	トランス･コイル	パルストランス、ピーキングコイル	0.9	0.91～0.92
		平滑チョーク	0.9	0.89～0.93
塗装		黒ラッカー、白ペイント	0.9	0.87～0.95
		自然乾燥エナメル	0.88	0.85～0.91
ガラス、ゴム、水			0.9	0.87～0.95

Column

エネルギーの話

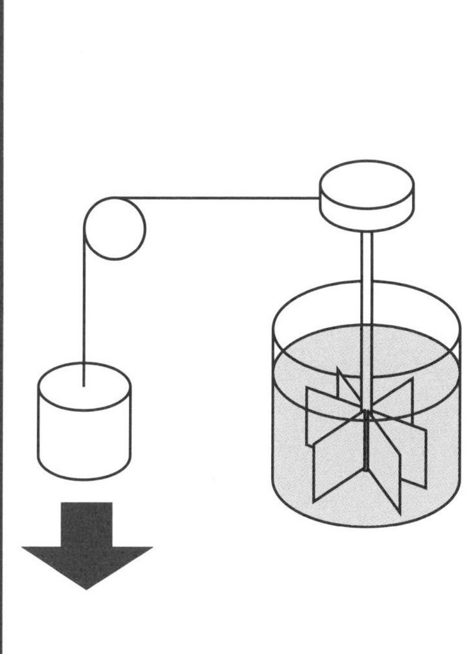

「J」の単位は、ジュールの法則の発見者であるジェームズ・プレスコット・ジュール（1818年〜1889年）の名前が由来です。

ジュールは図のような装置を使い、おもりで羽根車を動かし、水の撹拌による温度上昇を正確に測定し、位置エネルギーと熱エネルギーの関係式を見出しました。

このとき得られた結論は、「1ポンドの水を華氏1度上昇させる熱エネルギーは、772・55ポンドのおもりを1フィートの高さまで持ち上げる機械的エネルギーに等しい」でした。

これは現在のSI単位系で言うと、「1gの水を5/9℃上昇させるエネルギーは、350・4kgのおもりを0・3mの高さに持ち上げるエネルギーと同じ」となります。換算すると「1calは、4・15Jに等しい」です。

現在知られている正確な値は、1cal=4.19J ですので、ジュールの測定がいかに正確なものだったか、驚かされます。

第4章 風を吹いて冷やす

熱の通り道を「高速道路」にする

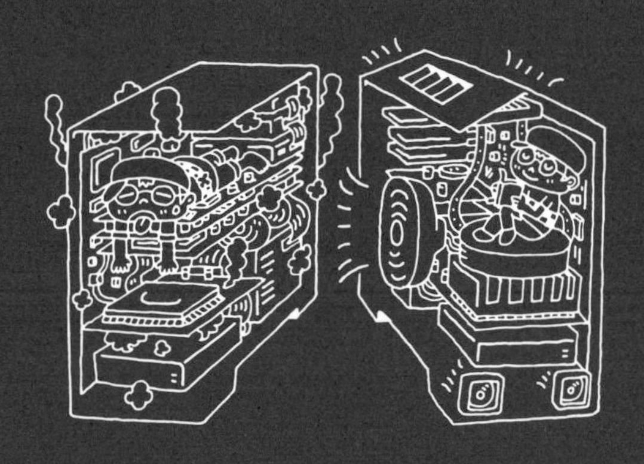

37 風が吹くとなぜ冷える?

温まった空気の「まとわりつき」をなくす

　自然空冷機器では、放熱面積や接触面積を大きくとって、地道に熱の通り道を広げます。一方、ファンを使った強制空冷では、熱の通り道を「高速道路化」します。

　熱いラーメンは放っておいてもいつかは冷めますが、早く食べたければフーフー吹いて冷やしますね。フーフーすると冷えやすいのはなぜでしょう。ラーメンの熱が空気に伝わると、周りに高温の空気ができてラーメンにまとわりつきます(温度境界層と呼ばれます)。この温まった空気層があると、熱は逃げにくくなってしまうので、風を送って温まった空気層を吹き飛ばしているのです。するとラーメンが冷たい空気に触れて熱が逃げやすくなります。フーフーと同じように積極的に部品に風を当てて冷やすのが「強制対流」です。

　電子機器がラーメンと違うのは、熱源が箱に入っている点です。温まった空気は何もしないと箱の中に溜まってしまうので、これを外に吐き出す仕組みが必要になります。フーフーする扇風機と熱を外に出す換気扇の両方が必要なのですが、多くの機器では、これを1つのファンで行います。

　扇風機は風速が大きいほどよく冷えますが、風速を上げればどんどん温度が下がるというものでもありません。風速が大きくなると温まった空気層が吹き飛ばされて薄くなりますが、ある程度薄くなると、それ以上薄くするのが難しくなり、だんだん頭打ちになってきます。風速を上げると騒音が大きくなるので数m/s程度の風速に抑えます。

　部品に冷たい空気を当てれば、風速が大きくなくても部品は冷えます。吸気口の近くや風上側に熱に弱い部品、熱流束(発熱量÷表面積)の大きい部品を配置して優先的に温度を下げるようにします。

　左図に示すように同じ基板でも部品レイアウトをうまく行えば部品間の温度ばらつきを抑えられます。

要点 BOX
●フーフーすると冷めるのは「強制対流」
●ファンは風速を上げればよいとは限らない

ラーメンを吹くと速く冷める

ラーメンを吹くと、温まった空気の層が飛ばされて薄くなるため冷えやすくなる。

風速を上げればよいとは限らない

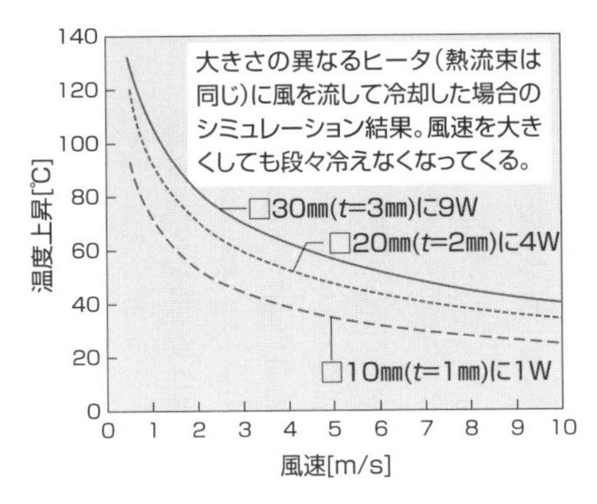

冷たい空気で冷やす

熱流束（部品の発熱量／部品の表面積）の大きいものを空気温度の低い風上に配置し、熱流束の小さいものを空気温度が高い風下に置くことで、部品の温度を均一化できる。
※数字は消費電力W

風上側は温まった空気が少ないため、熱流束（W/m²）の大きい部品は風上に置くとよい

基板サイズ220×300㎜の基板に、同じ大きさで発熱量（0.2〜1W）の異なる部品を配置したシミュレーション。熱流束の大きい部品を風上（下側）に配置した場合と上側に配置した場合で温度が異なる。

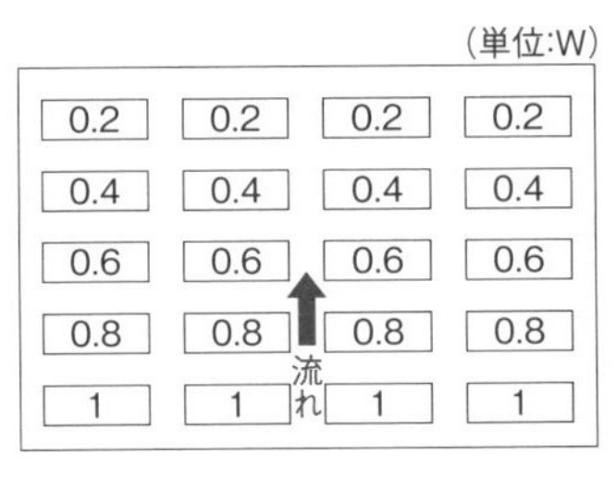

（単位:W）

1	1	1	1
0.8	0.8	0.8	0.8
0.6	0.6	0.6	0.6
0.4	0.4	0.4	0.4
0.2	0.2	0.2	0.2

流れ

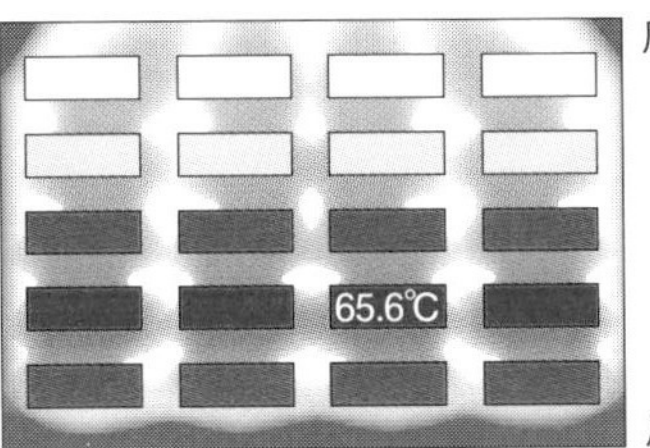

熱流束の大きい部品を風上に配置した場合

風下

風上

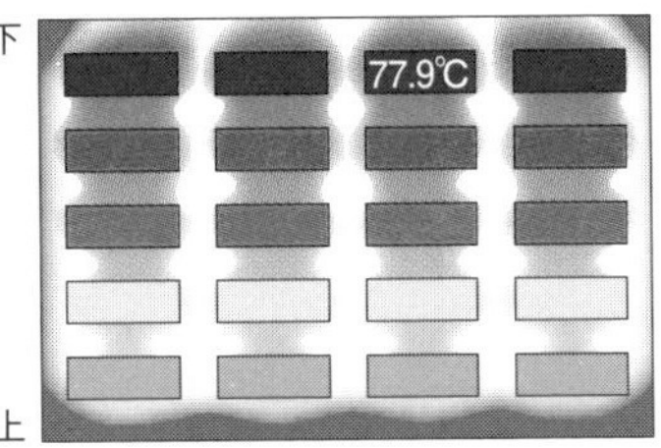

熱流束の大きい部品を風下に配置した場合

38 扇風機は「風速」、換気扇は「風量」

ファンを2個にしても風量は2倍にならない

効果的に強制空冷を行うには、換気風量を適切に設定し、冷やしたい部品周辺の風速を上げるような「流路設計」が大切です。

1つのファンで換気扇と扇風機の両方の役割を持たせるには、まず換気扇として十分な風量を持ったファンを選定し、次に流路の工夫を行って風速を上げます。そのためには冷却ファンの基本特性を理解しておきましょう。

ファンの性能は風量と静圧の2軸（P-Qカーブと呼ばれます）で表します（左下図）。左端は最大静圧で、密閉箱にファンを付けたときに得られる最大圧力、右端はファンを単体で動作させた時に得られる最大の風量で、これ以上は空気を流せません。

このグラフ上に、機器の「風の通りにくさ」の特性を描いてみましょう。機器にたくさんの空気を流すには強い圧力が必要になるため、装置の特性は図の破線のようになります。風量を2倍流すには圧力が4倍必要になります。これは通風抵抗カーブや装置のインピーダンスカーブなどと呼ばれます。

ファンのP-Qカーブと装置の通風特性曲線の交点が、これらを実際に組み合わせて使ったときの動作風量（動作点）になります。軸流ファンでは動作風量を最大風量の70％あたりにすると効率が良く、音も静かです。

ファンを並列に複数台並べると、ファンの合成カーブは風量を合計したカーブになります。しかし、図に示すように、実際に得られる風量は通風抵抗曲線との交点になるので、ファンを1台から2台に増やしても1台の時の風量Q1が2倍（Q1×2）になるわけではありません。ファンをN台並列で使用しても風量はN倍にはならず、合計値よりもだんだん減ってきますので注意してください。またファンを直列に並べると静圧が合成されますが、ファンの干渉が発生するので、静圧の足し算にはなりません。

要点BOX

- ●ファンには「換気扇」と「扇風機」という2つの冷やし方がある
- ●ファンの性能は特性カーブで見極める

換気扇と扇風機は働き方が違う

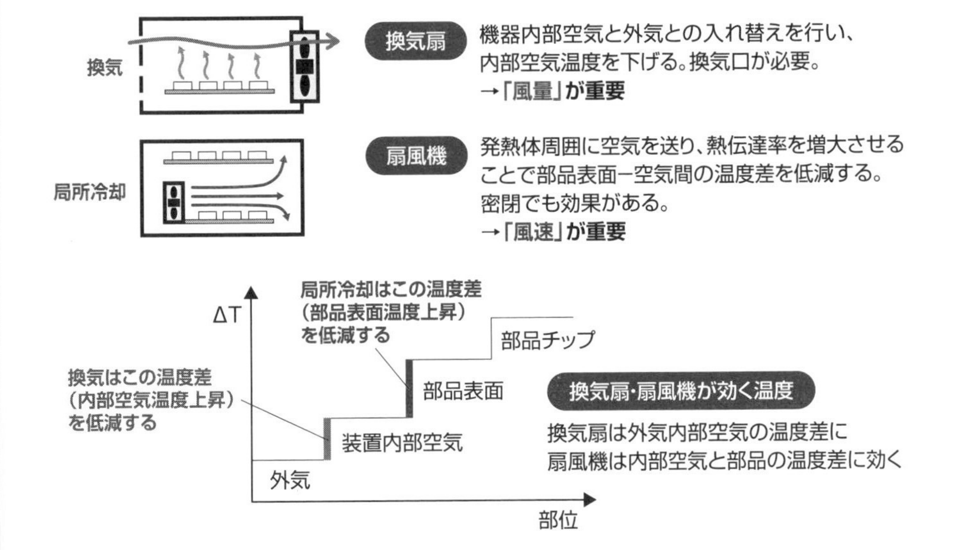

換気扇・扇風機が効く温度

ファンを機器に取り付けた時の動作風量はファンの特性カーブと機器の通風特性カーブの交点となる。

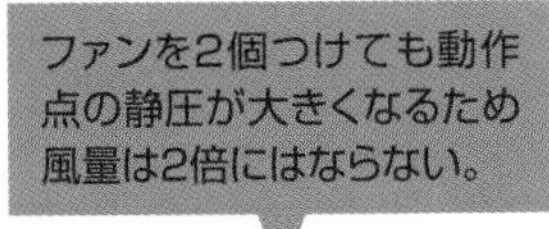

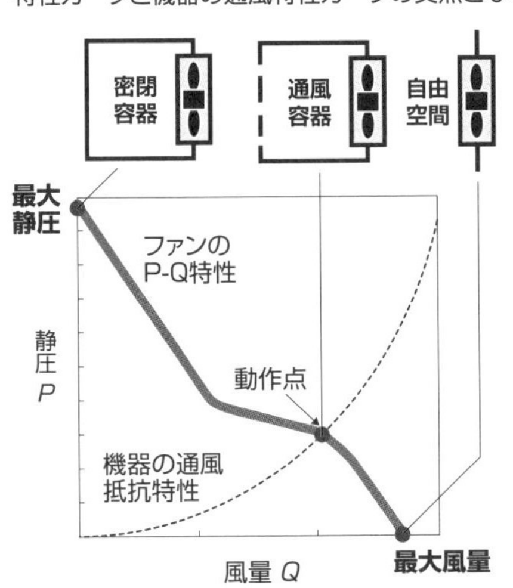

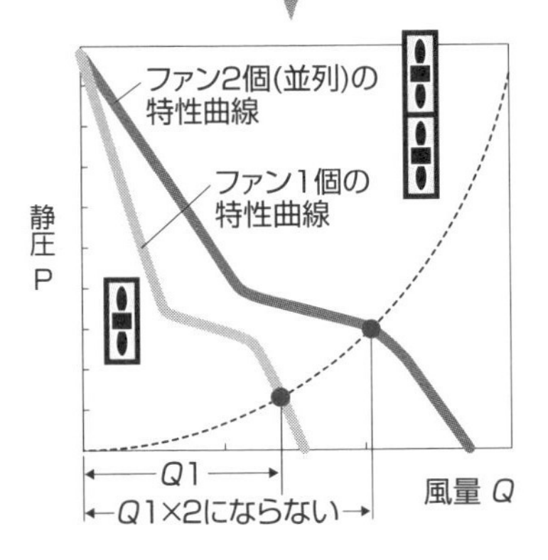

39 目標温度から換気ファンを選定する

流路抵抗と必要風量

強制空冷機器では、最初に総発熱量と目標温度から必要換気風量を求め、換気ファンを選定します。設計段階では「機器の発熱はすべて換気扇が持ち去る」と考えます。例えば、３００Ｗの装置に換気ファンを付けて、温度上昇が10℃以下になるようにしたいのであれば、換気の熱抵抗は、10÷300=0.0333℃/W以下でなければなりません。

空気の密度を1.15kg/m³、比熱を約1000J/kgKとして第3章31の換気の熱抵抗（④式）に当てはめると、必要な風量は、

風量≧300/(1.15×1000×10)=0.0261m³/s
=1.57m³/min　になります。

ただ、この風量は実際にファンを装置に取り付けたときの動作風量です。最大風量がこの必要風量と同じファンを選ぶと失敗します。ファンを装置に取り付けると、負荷がかかり、最大風量よりも小さい動作風量しか得られないからです。

例えば、グラフに示すように、ファンの排気側や吸込み側に壁面がある場合、ファンと壁面の距離が近いと風量が減少します。吸排気口の狭い装置に取り付けても風量は低下します。このように実際の負荷がわからないと正確な動作点はわからないので、まずは経験から、必要風量の１・５～２倍程度の最大風量を持つファンを選びます。もちろんそれでは足りない場合も想定されますが、そうならないよう、流路抵抗を増やさないような設計をします。

例えば、排気側に障害物がある場合、ファンブレードの半径分程度はあけます。吸込み側に障害物がある場合は、ブレード直径の１／４程度あけます。

吸排気口の面積はファンの吐き出し口（ブレードが回っているドーナッツ部分）の面積を下回らないよう、十分な大きさを確保します。こうした点に配慮しておけば、必要風量の１・５～２倍程度の最大風量を持つファンで十分マージンが確保できます。

要点BOX
- ●ファンの風量は取り付け方や障害物などで変化する
- ●流路抵抗を増やさない設計が重要

必要な換気風量の計算

発熱量と目標空気温度上昇から必要な風量を見積ることができる。

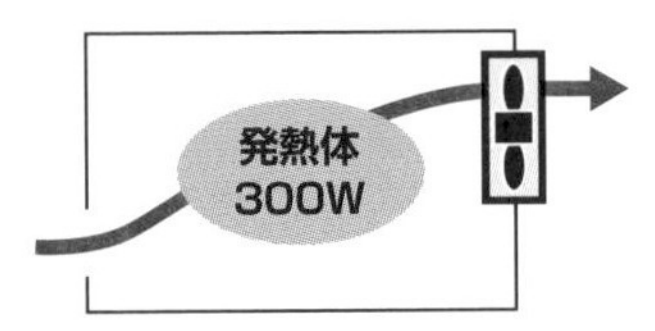

排出空気の温度上昇　ΔT≦10℃

必要な風量Qは?

$$\text{風量}Q \geqq \frac{300}{(1150 \times 10)} = 0.0261\,m^3/s = 1.57\,m^3/min$$

障害物による影響

ファンの近くに壁面などの障害物があると、ファンの風量は急激に低下する。障害物とファンとの距離を一定以上とらなければならない。

●ファン近くに壁面がある場合

ファン近くに壁面などの障害物があると風量が著しく低下する。

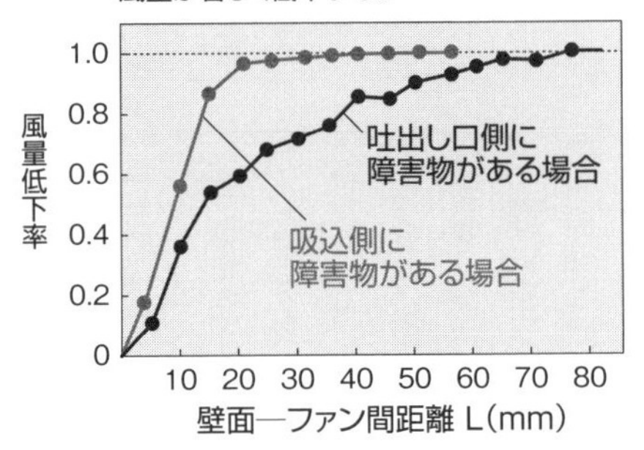

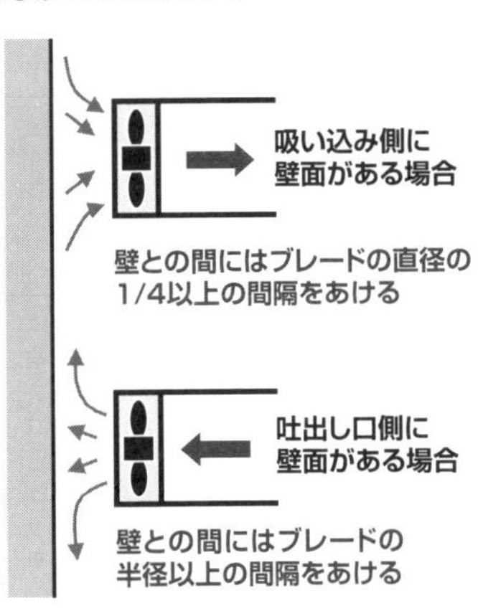

流路上の障害物によるファンの風量変化

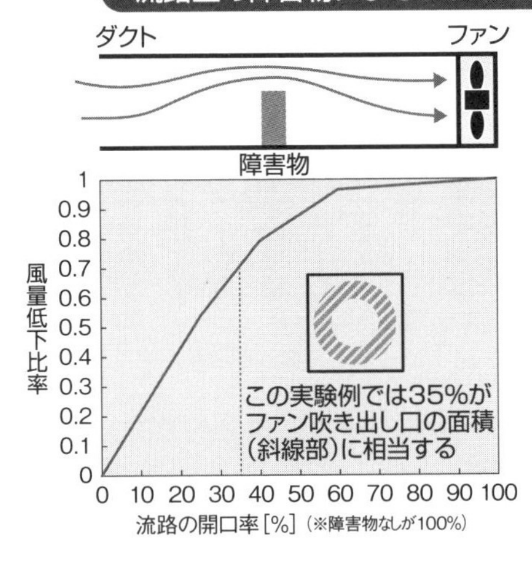

ファンを同じ断面積のダクトに取り付け、流路を障害物で塞ぐ。流路を半分塞いでも風量の大きな減少は見られないが、開口部分の面積が30～40%を下回ると、風量が急激に減少する。

40 扇風機としてのファン性能を引き出す

ファンの排気側と吸気側

扇風機は風速が重要と説明しましたが、実例を見てみましょう。左図は大きさ・最大風量の異なる2つのファンでモータを冷却した際の温度測定結果です。最大風量が倍違うにもかかわらず、冷却効果はほとんど同じでした。2つのファンの風速がほとんど同じだったためです。

「扇風機は風速」はわかったと思いますが、そもそもファンのカタログに風速は載っていませんよね。でも最大風量と吐き出し口の面積がわかっているので、割り算すれば風速は求められるはずです。そうして求めた風速を測定値と比較したのが、左図のグラフです。ファンに近い部分の風速はいずれも計算値を上回っていました。

この理由は簡単です。軸流ファンはブレードの回転で空気を押し出しているので、周速の速いブレード先端から出てくる空気のスピードが速いのです。最大風量を吐き出し口面積で割って求めた風速はあくまでも平均風速で、中心部と先端部では風速が異なるため、先端を測れば当然平均より大きくなるわけです。ファンの吐出し口側に熱源を置いて、吹き付けて冷やす場合はこの風速分布の影響を受けやすいので特に注意が必要です。排気口にダクトを設けて冷やしたい方向に空気が流れるように風向を制御したり、ダクト断面を絞るなどして、風速を制御します。

一方、ファンの吸込み口側は、ファンに空気が吸い込まれて圧力が下がったところに空気が流れ込むことで風速が発生するので、図のようにきわめて均一な流れが得られます。しかし、風速が低く、乱れの少ない流れのため、冷却能力は低いです。そこで、吸気口やダクトを活用します。図のように吸気口を狭めて吸気口からの風速を上げて部品に当てる、流路を絞って部品周囲の風速を上げるなどの方法で、ファンの能力をフルに引き出すことができます。

要点BOX

●ファンの吐き出し側と吸込み側の風速分布の違いに注意する

大きさ・最大風量が異なるファンでも冷却効率が同じ例

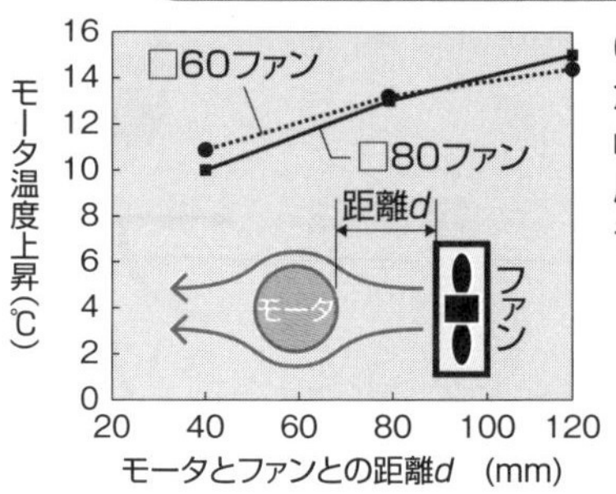

60㎜角のファン(最大風量0.52m³/分)と80㎜角のファン(最大風量1.1m³/分)でモータ(φ60㎜、L95㎜、13W)に風を当てて冷却した。
風量は2倍の差があるが、風速はほぼ同じのため、モータの温度は同じだった。

ファン排気側の風速(計算値と測定値)

吐き出し口面積

風速測定点

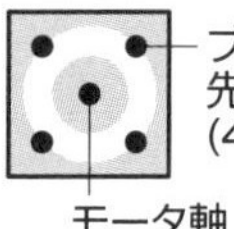

●ファン排気側

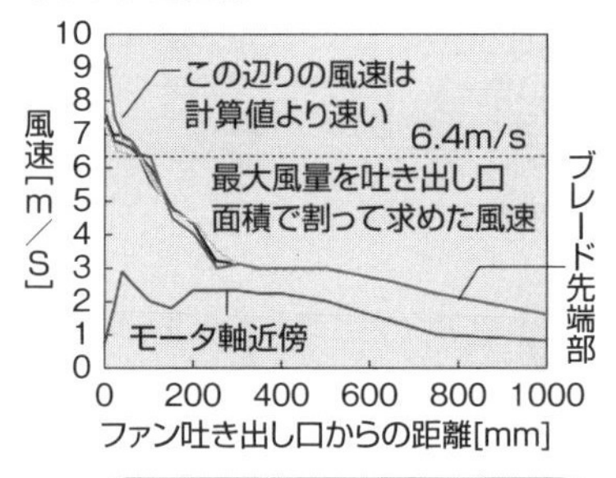

●ファン排気側の風速分布

ブレード先端が速く、モータ軸近くは遅い

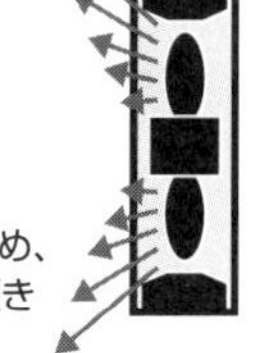

遠心力が働くため、外向き方向に傾きを持つ

ファンの吸気側の風速

●ファン吸気側

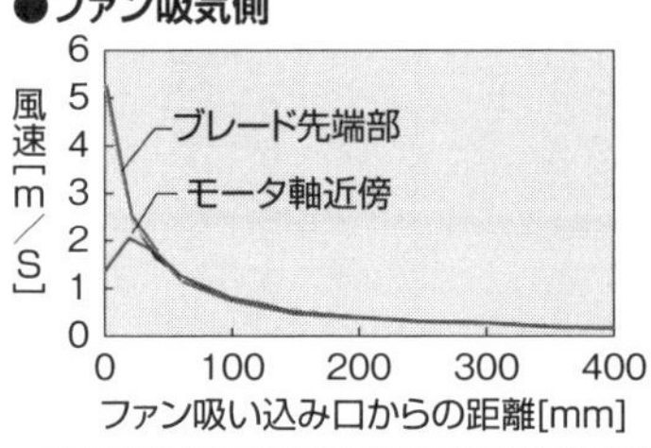

●ファン吸気側の風速分布

ファンの吸気側は、空気が吸い込まれて圧力が下がったところに周りから圧力差で流れ込むため、風速は低いが均一な流れが得られる

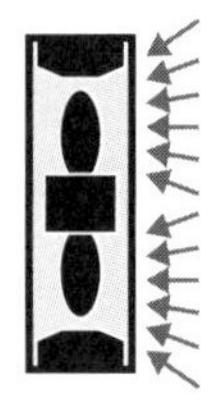

吸気口を狭めて風速を上げる

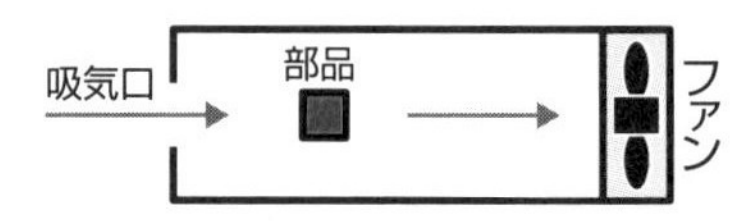

吸気口を狭くして速い風速を部品に当てることで部品の温度下げることができる。吸気口が大きいと風速が小さく、小さすぎると負荷が増えて風量が減るので適切な大きさにする。

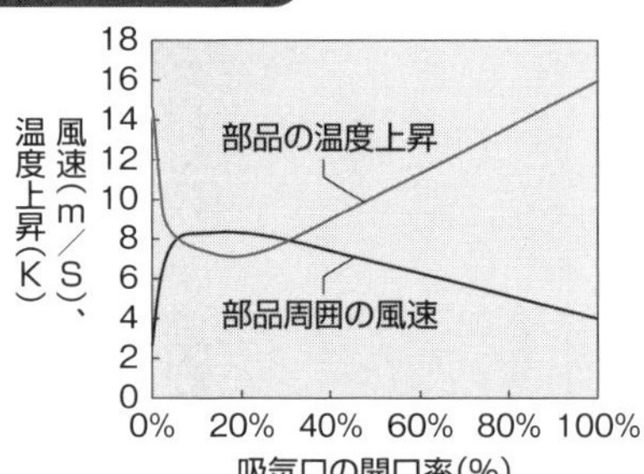

41 ファンはプルとプッシュを使い分ける

ファンを置くのは排気側と吸気側か

筐体にファンを設けるときに、排気側にファンを付けて温まった空気を吐き出す「プル型」にするか、吸気側にファンを設けて冷気を押し込む「プッシュ型」にするか、迷うところです。市販されている強制空冷機器は、ほとんどプル型を採用していますが、最近はプッシュ型も増えているようです。

プル型の最大のメリットは装置全体に均一に風を流せることです。プル型は圧力差で流れが発生するので、隅々まで風が流れます。風速は全体に低いので、前項で説明したように冷やしたいところの風速を上げる工夫が必要です。

プッシュ型ファンは空気を押し出すので風速は速いのですが、ばらつきが大きく、よく冷える場所と冷えない場所ができやすいのです。

しかし、プル型は機器内が負圧になるため、埃の侵入が多いというデメリットがあります。しばらく使ったパソコンを開けてみたら中が埃だらけだった、という経験がある方も多いと思います。内圧が負にならないように、吸気側にもファンを設けてプッシュ - プル型にする対策方法もあります。プル型はファンが最下流に置かれるので高温になるという問題もあります。また、流れのバイパスが発生しやすいのもプル型の注意点です。吸気口からファンに向かって流れがショートカットするので、下手をすると発熱部に風が流れず、ホットスポットができます。

左図はプルとプッシュの部品温度の違いを検証した実験結果です。プルだとバイパスが発生して基板部が無風地帯になり、温度が著しく上昇します。プッシュ型ではファンから出た空気は直進して壁面に衝突した後、乱流化して基板部を冷却します。部品温度がだいぶ低くなっていることがわかります。

一方、プッシュ型の課題は、機器内の風速の安定化です。ファン排気側に多孔板などの抵抗体を置いて、風速を均一化すれば、一様な流れになります。

要点BOX
- ●ファンは「プル型」と「プッシュ型」に分かれる
- ●プル型は風速の均一化が図れるが埃の吸い込みが多い

ファンの設置方法は2種類ある

●プル型

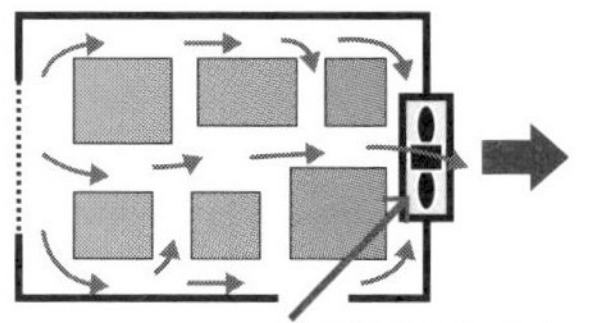

●プッシュ型

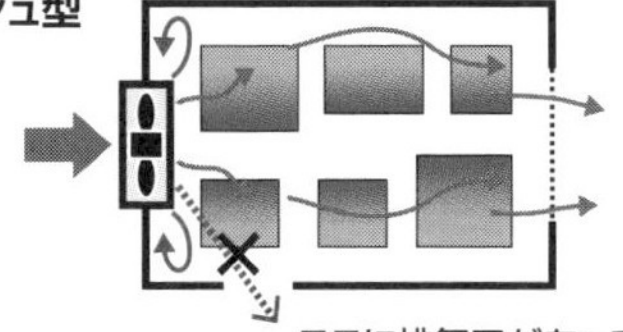

メリット
- 均一な流れを生じ、ホットスポットができにくい

デメリット
- ファンの温度が高くなる
- 内部が負圧になり、埃の侵入が増える
- 吸気口からファンに向かって流れがショートカットする

デメリット
- ファンの温度が低くなる
- 内部が正圧になるため、埃が入りにくい
- ファンから排気口に向かう流れのショートカットがない

メリット
- 排気風速のばらつきでホットスポットができやすい

プッシュ型による攪拌効果の確認実験

吸排気口とファンの位置が不適切だとプル型はショートカットが発生する。プッシュ型は発生しにくい

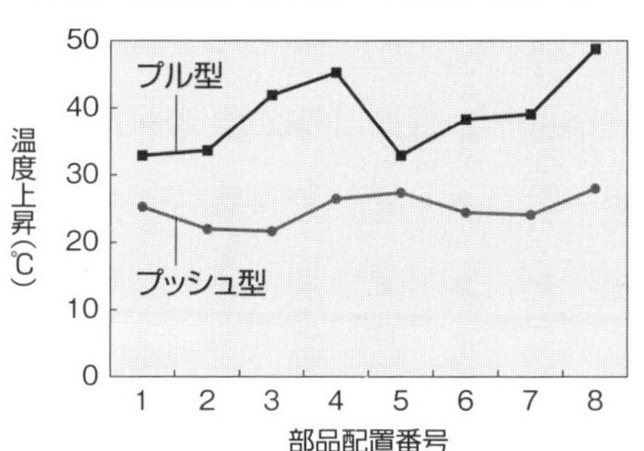

※温度は下側の基板に配置した8つのモジュール抵抗の温度

●プル型

ファンと吸気口の配置が悪いため、空気は発熱体を通過せず、吸気口からファンに向かってショートカットし発熱体は冷えない

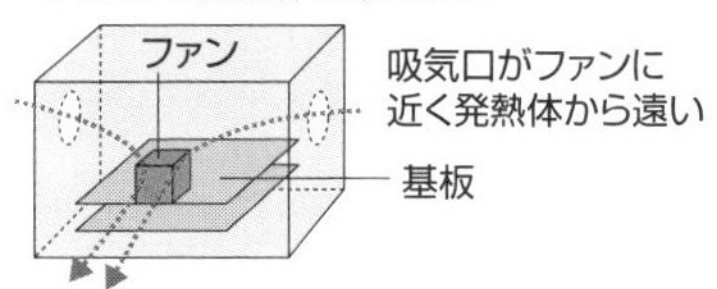

●プッシュ型

ファンからの空気は慣性力で直進し、複雑な乱流となって発熱体を冷却した後排出される

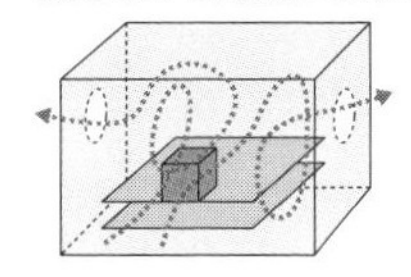

プッシュ型の流れの均一化策

整流板（多孔板）

プッシュ型では、開口率が大きめの通風抵抗体を設けることで流れを整流化できる

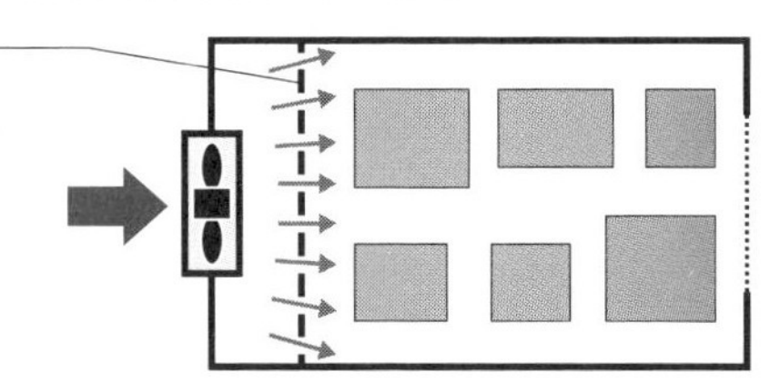

42 ファンは静かに使いましょう

ファン騒音の低減

ファンの冷却能力を上げるとファン騒音が問題になることがあります。ファン騒音は駆動騒音（機械振動）と気流騒音に分けられます。気流騒音はさらに風切音と渦流音に分けられます。

ファン単体だとそれほどうるさくないのに筐体に取り付けた途端にうるさくなる、これが駆動騒音です。ファンの振動が機器筐体に伝わって共振することが原因です。これは防振ゴムなどでファン振動が筐体に伝わらないようにすることで防げます。

対策が難しいのは気流騒音です。風切音はブレードの回転によって発生するもので、回転数×ブレードの枚数という基本周波数を持ちます。ブーンという感じの音がこれです。一方、渦流音はブレード後方の渦によって発せられるもので、シャーというホワイトノイズのような音です。どちらも羽根の形状などで多少変わりますが、大幅な低減は難しく、大きめの直径のファンを回転数を落として使うのが効果的です。

例えば、3000rpm時に46dBのファンを1500rpmに落とすと、騒音は「50log（1500/3000）＝-15dB」下がります。しかし、これだと風量も半減してしまうのでブレードの直径を1・26倍し、風量を戻します。騒音も+7dB増加しますが、差し引き-8dBとなります。

最近は、温度が低い時はファンを止める、ファンの回転を落としてファンを2台使用するなどの方法も使われます。一台のファンで風量を2倍にするには回転数を2倍にする必要があり、騒音は15dB増加し、消費電力は8倍になります。同じ回転数のファンを2台にするのであれば騒音は3dB増え、消費電力は2倍になります。

ファンには最大出力点と呼ばれる最も騒音の小さい動作領域があります。軸流ファンでは最大風量の70%程度にこの領域があり、ここで動作させると最も静かです。

要点BOX
- ●最近の機器は低騒音化要求が厳しい
- ●騒音対策でやっかいな気流騒音
- ●風量が大きく騒音が小さいパラメータが必要

ファン騒音の分類

ファン騒音は大別すると駆動騒音と気流騒音に分けられる。

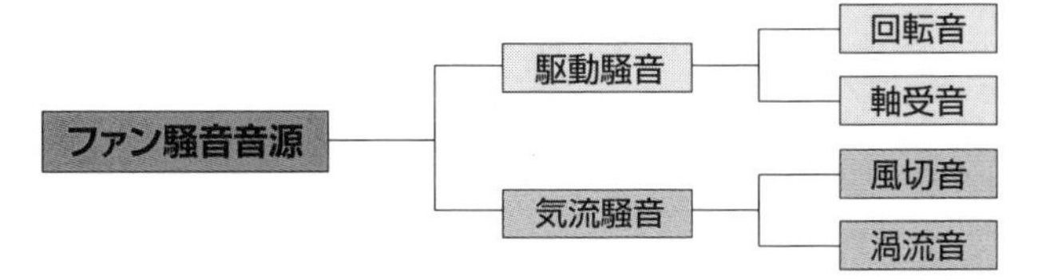

駆動騒音対策

駆動騒音は機械振動の共振であることが多い。振動の伝達をカットすることによって騒音低減が図られる。

(A)ブラケット直止め　(B)ゴムシート防振　(C)防振ゴム

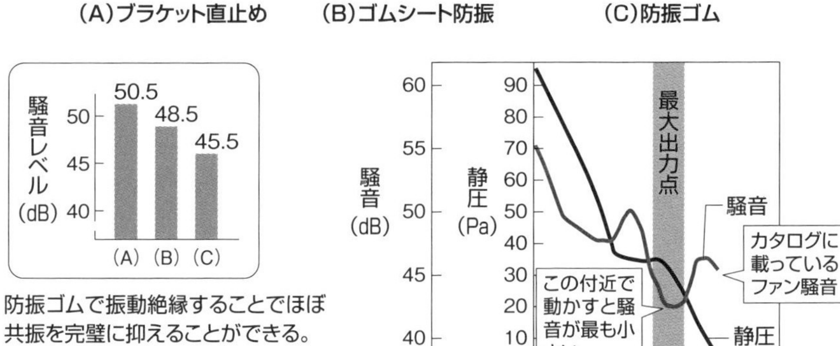

防振ゴムで振動絶縁することでほぼ共振を完璧に抑えることができる。

ファンの諸元と性能・騒音の関係

騒音に効くパラメータと効かないパラメータがあるので、風量を落とさずに騒音を低減できるパラメータの組み合わせを見つける。

風量比 $\frac{Q_2}{Q_1} = \left(\frac{L_2}{L_1}\right)^3 \times \left(\frac{n_2}{n_1}\right)$　**静圧比** $\frac{P_2}{P_1} = \left(\frac{L_2}{L_1}\right)^2 \times \left(\frac{n_2}{n_1}\right)^2$

動力比 $W_2/W_1 = (L_2/L_1)^5 \times (n_2/n_1)^3$

音圧レベル比 $SPL_A - SPL_B = \begin{cases} 70 \log\left(\frac{L_A}{L_B}\right) + 50 \log\left(\frac{n_A}{n_B}\right) \\ 20 \log\left(\frac{L_A}{L_B}\right) + 25 \log\left(\frac{P_A}{P_B}\right) \\ 10 \log\left(\frac{Q_A}{Q_B}\right) + 20 \log\left(\frac{P_A}{P_B}\right) \end{cases}$

L:代表寸法(直径)、n:回転数、P:静圧、Q:風量

43 ファンはなくても空気は動く

煙突効果を活用しよう

ファンレス機器でも通風口があれば自然換気で排熱します。自然空冷では内部空気の温度が上昇して軽くなることで流れが発生するので、風速を自由に制御することはできませんが、通風口をうまく設計すれば冷却能力を高めることができます。

まず、換気が起こる仕組みについて考えましょう。図上のように筐体内に発熱体を1つ置いた状態を考えます。冷たい（重い）空気が下部吸気口から入り、発熱体で加熱されて温かい（軽い）空気になります。この上部の軽い空気が換気の原動力なので軽い空気を増やして重い空気を減らせば、換気風量は増大します。つまり、発熱体を下のほうに置くことで軽い空気を増やし、換気能力を増大できるのです。これは「煙突効果」と呼ばれる現象です。実際に発熱体の上にダクトを設けると温度は下がりますが、電子機器に大きな煙突を付けるわけにもいきません。

そこで、煙突効果を意識した通風孔の設計を行います。次のポイントに留意して設計しましょう。

①換気量は排気口面積で決まるので排気口を重視
排気口から温まった空気が出てはじめて吸気口から吸い込みます。このため、換気量は主に排気口の面積で決まります。

②発熱中心（図中央）を境に上下の風穴を同じに
発熱流心より上が排気、下が吸気になるのでバランスをとります。

③発熱体から排気口までの距離を長くとる
煙突が長くなります。

④排気口と吸気口との間には必ず高低差を設ける
縦置き・横置き設置可能な機器は特に注意！

⑤スリット幅はできれば2㎜以上とする
スリット幅が1㎜程度になると空気の粘性が働き急激に流れが悪くなります。

これらは、デザインや安全基準、放射ノイズなどの要求と競合して、調整が必要な場合もあります。

要点BOX
- 自然空冷の決め手「煙突効果」
- 吸排気口面積のバランスと高低差を意識する

ファンレス機器でも換気が起こる仕組み

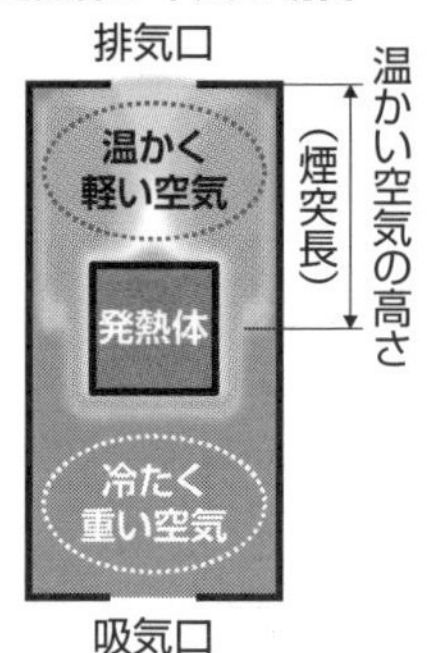

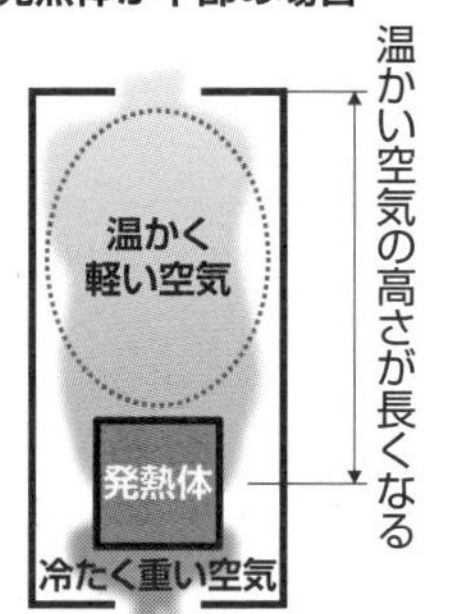

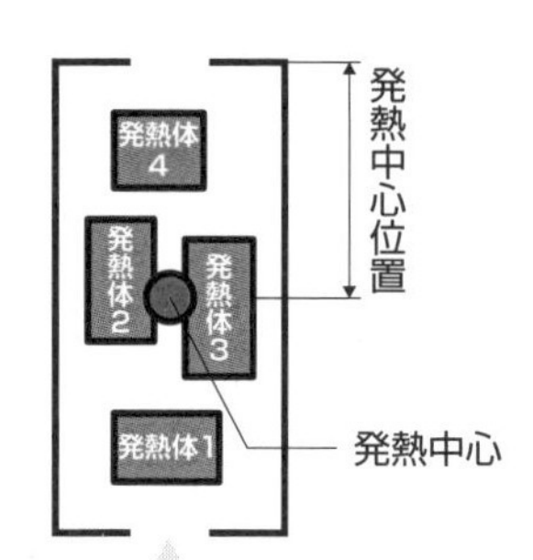

$$\text{発熱中心位置（上からの距離）} = \frac{\Sigma\text{（各発熱体の発熱量} \times \text{上からの距離）}}{\text{機器内のトータル発熱量}}$$

発熱体より上側は温まった軽い空気、下は冷たい重い空気になる。発熱体を下に置くことで、軽い空気を増やして重い空気を減らすと浮力が強くなり、換気風量が増える。
複数熱源の場合は発熱の重心位置（発熱中心）を熱源と考える。
また、発熱中心より上側の通風口は排気、下側の通風口は吸気になる。

煙突効果を意識した通風孔の設計

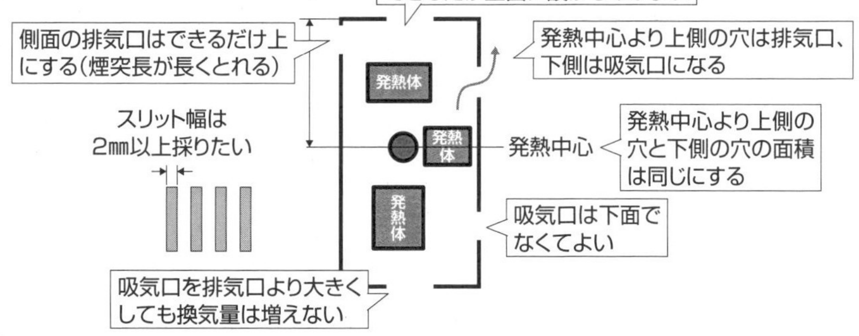

縦置きも横置きもできる装置はどのような方向に置いても排気口に高低差ができるようにする

●縦置きの場合

吸排気口には十分な高差が取れるので煙突効果による通風は活発になる

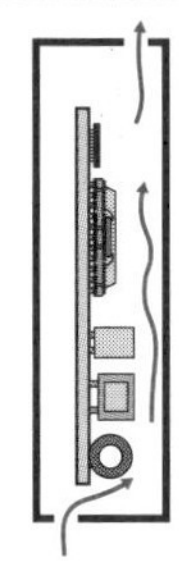

●横置きの場合

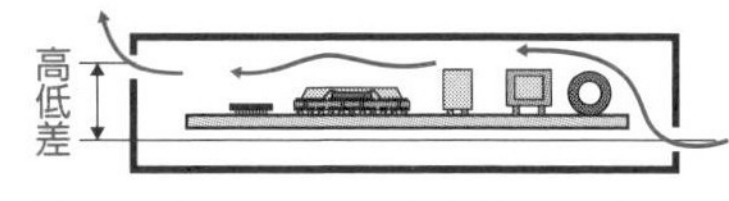

左右の通風口には必ず高低差を設け、主要熱源は排気口と吸気口の高低間に設置する。

Column

熱設計とEMC

エジソンが電球を作った時代から電気製品には熱問題がつきまとっていましたが、近年は熱問題よりむしろEMC（電磁両立性）問題のほうが設計者を悩ませています。

製品が電波で誤動作したり、逆に製品から有害な電波を出してしまう問題を総称してEMC問題と言っています。デジタル化された製品は電圧が低いと0、高いと1と判断し、それを短時間でどれくらい繰り返せるか?が性能指標となっており、結局それが電気の波（電磁波）を作ってしまいます。このため、デジタル製品では避けて通れない課題となっています。

この問題の対処法は電磁波を出さない、受けないということが基本です。具体的には「臭いものには蓋をする」、つまり電磁波が出そうな部分や、電磁波で影響を受けそうな部分を金属の蓋（シールド）で覆うという対策がよく取られます。

しかし残念ながら電磁波がよく出そうな部品や影響を受けやすい部品は、実は熱が出やすい部品だったり熱に弱い部品だったりするため、放熱とシールドを両立させるために苦労します。でもそれもそのはず、EMCも熱も電気製品を動かすために使ったエネルギーが形を変えて放出されたものだからです。

電気回路はエネルギーを電位差に変換して電源からグランドに電流を流す過程でその一部を使って回路を動作させます。これをエネルギーの流れという観点で見れば、大自然の中にあるエネルギーを水力・火力・原子力といった方法でその一部を電気に変換し、またその一部を使って残りはすべて自然に戻す、といった大きな循環と考えられます。

電気に形を変えたエネルギーが自然に戻る過程で電磁波や熱という形で放出される、と考えれば、EMCも熱も同じようなもので、エネルギーのグランド設計で私たちは苦労しているのです。

最終的に電磁波のエネルギーはシールドケース等で金属に吸収され、金属内の自由電子や原子の運動エネルギーに変換されます。電磁波も最終的に熱となって大気に放散されることになります。

つまり、EMC問題も最終的には熱対策で終わるのです。

熱対策の重要性を再認識しませんか?

第5章 基板を使って温度を下げる

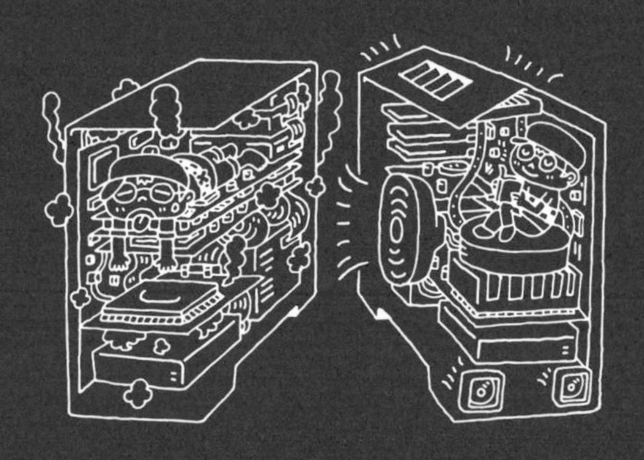

44 基板の熱設計ってどうやるの？

基板熱設計の第一歩

基板は電子部品をはんだ付けするだけで回路が構成でき、また部品も固定してくれる便利なアイテムです。ひと昔前までの基板はこの機能だけでよかったのですが、最近は放熱機能も要求されるようになってきたため、ますます設計が難しくなっています。

一般にボディが基板から浮いている部品や、ヒートシンクが付いている部品などは、発生した熱を周囲空気に直接放熱する割合が大きいですが、基板にベタっと貼りついているチップ部品などは、ほとんどの熱が基板に流れ、基板をヒートシンク代わりにしています。最近はこの基板にへばりつく部品が多く、しかも発熱量が増加傾向にあります。

そこで基板設計でまず注意してほしいのが、基板1枚当たりの発熱量です。基板に搭載する回路は電気屋さんが、基板の寸法は機械屋さんが決めると思いますが、たいていは部品の大きさで基板寸法を決めているのではないでしょうか？しかし最近の電子部品は小型化しているので、載るからといって基板にたくさん部品を押し込むと、すぐにアッチッチの基板ができあがります。

このため基板設計を行うときは、基板面積に応じた発熱量で部品搭載量を決めるようにします。単位面積当たりの発熱量を熱流束と言いますが、例えば、自然空冷の場合の熱流束は300～400W／m^{2}程度が限界です。ですので、例えば縦横とも10㎝の基板だったら面積は0.01m^{2}なので、自然空冷の場合は発熱量が3～4W以下となるように部品搭載量を制限します。

また、ふつう回路設計は電源回路とか制御回路など、機能ごとに設計し、その機能ブロックの部品をまとめて基板に配置すると思います。そこで、機能ブロックごとに発熱量を集計し、その熱流束が一定になるように部品配置を行うと、部品発熱量に応じた基板面積が確保できるようになります。

要点BOX

- ●基板には放熱機能が求められている
- ●基板の発熱量を計算して部品配置を行う

基板1枚あたりの発熱量を計算する

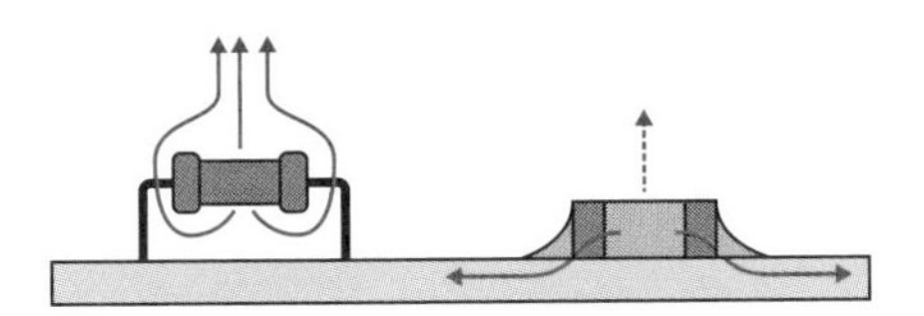

基板から浮いている部品の熱は空気へ逃げるが、基板にへばりついている部品の熱は、ほとんどが基板に伝わる

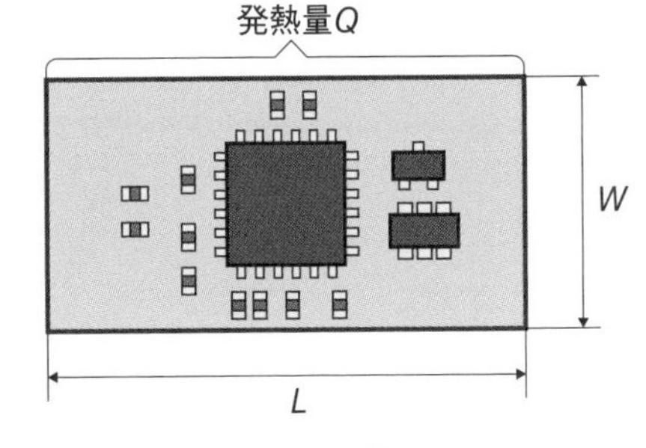

$$熱流速 = \frac{Q}{LW}$$

電気屋さん

回路設計

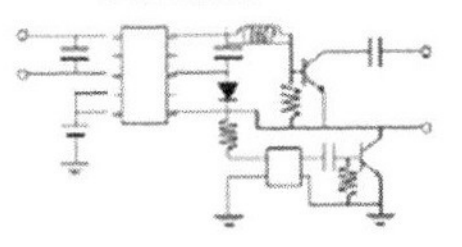

部品選定

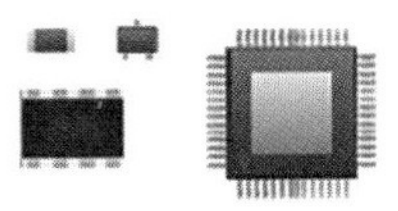

基板屋さん

基板設計
（部品レイアウトとパターン設計）

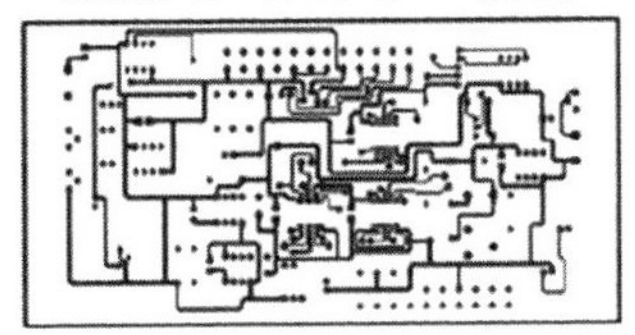

機械屋さん

構造設計

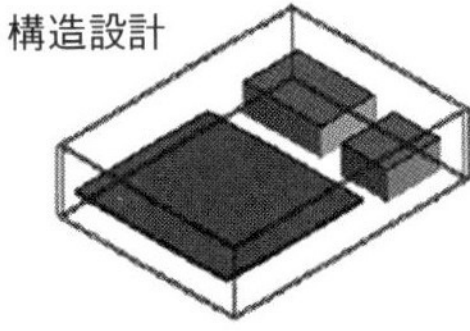

基板寸法

回路ブロックごとに熱流束を一定に！

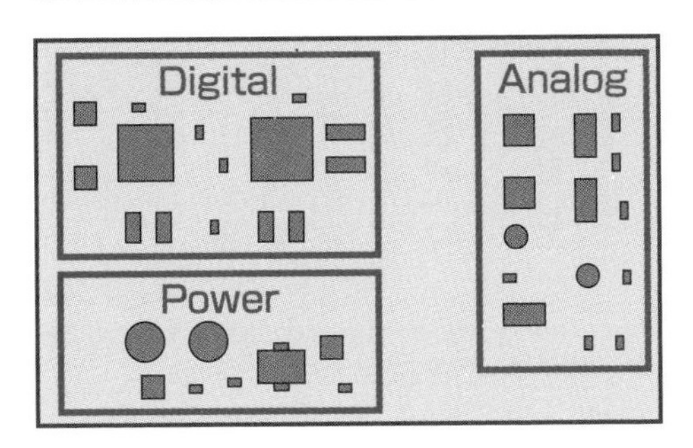

45 チップ部品は自分を冷やせない？

冷却は基板頼みの部品

電子機器の回路が複雑になると、実際の電気の通り道も複雑になり、通り道が長いと信号が遅くなるだけでなく、消費電力やノイズも多くなるので、物理的にはなるべく小さく作るようになってきました。その究極の姿がICやLSIですが、それだけでなく、回路に挿入される抵抗・コンデンサ・コイルといった受動部品も小型化しています。

部品を小さく作ることで消費電力も小さくなりますが、それでも熱は発生します。その熱は部品表面から周囲に放散されますが、その表面積は部品寸法の二乗に比例して小さくなるので、部品自身の放熱能力はむしろ悪化し、自分だけでは放熱できない部品が増えています。ICやLSIなどは当初からヒートシンクやファンを使うことを前提として設計されていたりしますが、それ以外の部品は、自分で放熱できるのかどうかの、見極めが必要です。

1章や3章に出てきた対流伝熱量の計算式を、「実現しなければならない値」と、「調節可能な値」に分けると、目標熱抵抗と対策熱抵抗が見えてきます。左ページの式のように、Sにその部品の表面積と、hに空冷方法に応じた熱伝達率を入れたとき、対策熱抵抗が目標熱抵抗以下なら、部品だけで放熱可能な部品と言えます。逆に対策熱抵抗が目標熱抵抗より大きい部品は、自分だけでは放熱できないため、面積か熱伝達率を大きくして、目標熱抵抗以下に対策する必要があります。

また目標熱抵抗を縦軸に、対策熱抵抗を横軸にしてグラフを描き、発熱部品をプロットすると左下図のようになります。斜めの線から右の部品は対策が必要ですが、特に右上の三角部に入る部品はチップ部品など、放熱を基板に頼る部品が集まります。このように部品を仕分けることで、熱対策の難易度が見えてきます。

要点BOX
- 自分だけでは放熱できない部品がある
- 発熱部品を仕分けて熱対策を効率的に行う

対流伝熱量の計算式を分けてみる

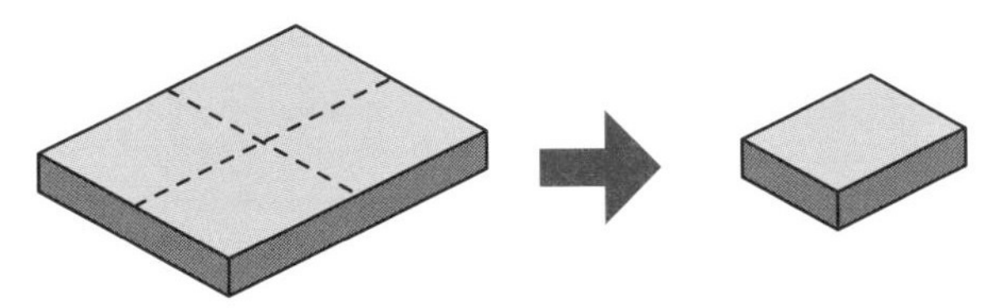

部品寸法が半分になると表面積は1/4になる!

部品発熱量 Q = 熱伝達率 h × 放熱面積 S ×(部品表面温度 T_c − 周囲空気温度 T_a)

部品発熱量 Q:実現しなければならない値
熱伝達率 h × 放熱面積 S:調節可能な値
(部品表面温度 T_c − 周囲空気温度 T_a):実現しなければならない値

$$\text{目標熱抵抗} \Rightarrow \frac{T_c - T_a}{Q} = \frac{1}{h \times S} \Leftarrow \text{対策熱抵抗}$$

対流伝熱量の計算式を、「実現しなければならない値」と「調節可能な値」に分けると、目標熱抵抗と対策熱抵抗が見えてくる。

発熱部品を仕分けする

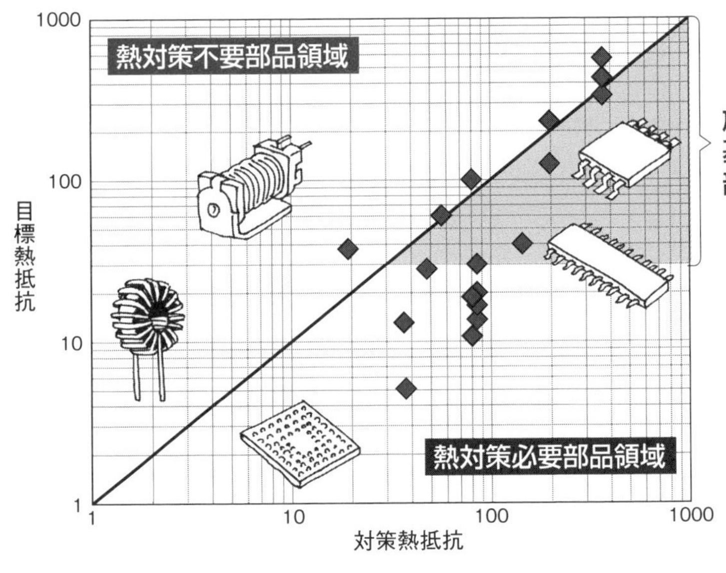

46 基板の放熱性能ってどうなの？①

基板の放熱性能を左右するのはなに？

基板のメインの役目は、回路を構成するために電子部品の端子どうしを電気的に接続すること、逆に接続してはいけない部分を絶縁すること、それと電気部品を保持すること、です。そのために基板は絶縁板と銅箔がサンドイッチになっていて、銅箔をエッチングすることでパターンと呼ばれる電気の通り道を作り、違う層の銅箔どうしの接続や、部品リードをはんだ付けするために、スルーホールを形成しています。また表面には不用意にショートしないように「レジスト」という保護膜を印刷しています。

この基板をヒートシンク代わりに使おうとした場合、その熱的性能はどうなのでしょうか？

本物のヒートシンクは部品の熱をヒートシンク内に熱伝導で広げつつ、表面から空気に熱伝達します。このためその有効面積を大きくするには、ヒートシンクの熱伝導率が大きいことが必要です。ところが基板は、熱伝導率が大きな銅は「箔」なので薄く、逆に熱伝導率が小さい絶縁体のほうが厚いので、3章に記載した等価熱伝導率はあまり良くありません。なおかつパターン形成のために銅箔をエッチングで削除してしまうので、かなり熱伝導率が悪いヒートシンクです。

では、この基板を良いヒートシンクにするにはどうすればよいでしょうか？簡単ですね。熱伝導率が大きい金属の比率を上げればよいのです。具体的にはエッチングで除去する銅箔を少なくしたり、銅箔の厚さを厚くしたり、銅箔の層数を増やしたりすることで、面方向の熱伝導率は大きくなります。しかしこれだけでは、板厚方向の熱伝導率はあまり大きくなりません。板厚方向の熱伝導率を上げるには、板を貫通する金属を追加する必要があります。これには一般にスルーホールを増やすことで対応します。熱のためだけに設けるスルーホールのことを「サーマルビア」と呼んでいます。

要点BOX
- ●面方向の伝導率を上げるには金属の比率を上げる
- ●板厚方向の熱伝導率を上げるにはスルーホールを増やす

基板の構造

部品の固定
部品端子間の接続
パターン(銅箔)
スルーホール
絶縁体

可能な範囲で銅箔を残す

グランド側

面方向の伝導率を上げるには

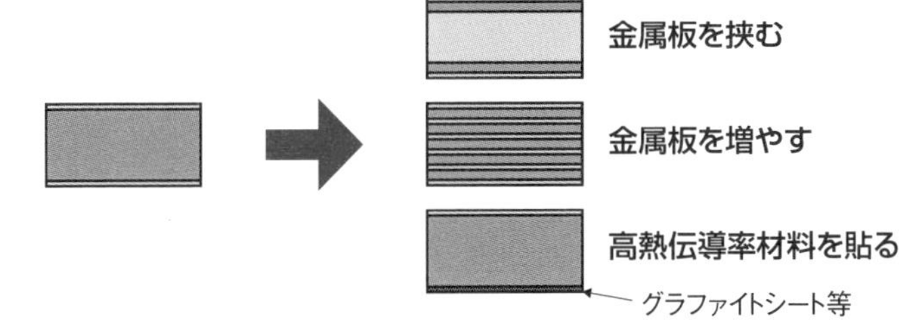

面方向の熱伝導率を上げるには、金属板を挟んだり、金属層を増やしたり、
高熱伝導率材料を貼ったりする(「コストが…?」と思った人! 良い設計者になれます!)

板厚方向の熱伝導率を上げるためにサーマルビアを使う

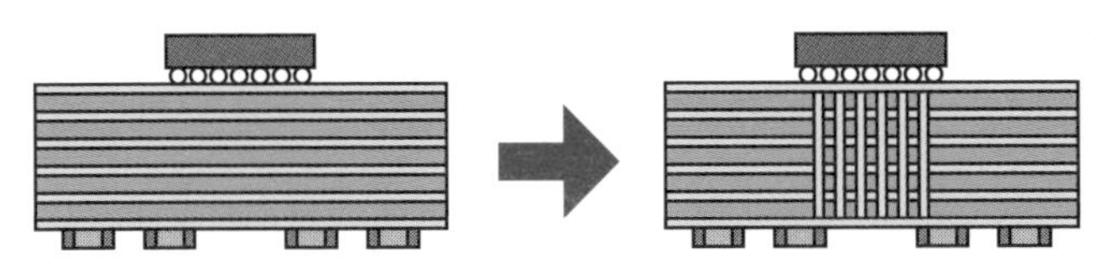

47 基板の放熱性能ってどうなの？②

基板の熱伝導率ってどう計算するの？

基板の放熱性能はその熱伝導率に左右され、またその熱伝導率は銅箔や絶縁体の厚さ、層数、エッチング後の銅箔の残存率、それとビアホールの寸法や数に影響されます。

では具体的に基板の熱伝導率を計算するにはどうすればよいでしょうか？33項でも等価熱伝導率の計算方法を書きましたが、基板の場合は各層やサーマルビアを熱抵抗で表現して合成熱抵抗を計算し、その合成熱抵抗から等価熱伝導率を求めます。基板は銅箔と絶縁板が交互に層になっているので、各層を熱抵抗で表し、それを面方向と板厚方向でそれぞれ接続すると、左図のように面方向は熱抵抗が並列に、板厚方向は熱抵抗が直列に接続された形になります。このとき銅箔の各層には、断面積に銅箔の残存率（エッチング後の銅箔の残り面積の比率）を乗じます。銅箔の残存率は基板設計CADなどから求めます。サーマルビアについても、熱抵抗で考えます。サーマルビアは基板の板厚方向の熱抵抗に、その本数だけ並列に接続されるので、基板と並列に接続された抵抗として計算します。

サーマルビアを設ける理由は、部品の熱を基板の中層銅箔や反対面の銅箔に移動させ、反対面から放熱したり、基板内に拡散させたりするためです。このためサーマルビアは発熱部品の直下などに集中して配置します。ふつうサーマルビアのめっきは薄いので、熱伝導率を上げるために充填ビアを使ったり、最近では金属コアを埋め込んだりする場合もあります。

こうやって基板も熱抵抗で表すと、銅箔層やサーマルビアを増やすことは、幹線道路にバイパス道路を作るのと同じですね。ですので注意点も同じで、費用対効果を考えることです。層（バイパス）を増やす前に、銅箔残存率（既存道路の拡張）などを検討してみてください。

要点BOX
- ●基板の熱伝導率計算ではサーマルビアなどを熱抵抗で考える
- ●層を増やす前に銅箔残存率を検討する

基板の等価熱伝導率計算

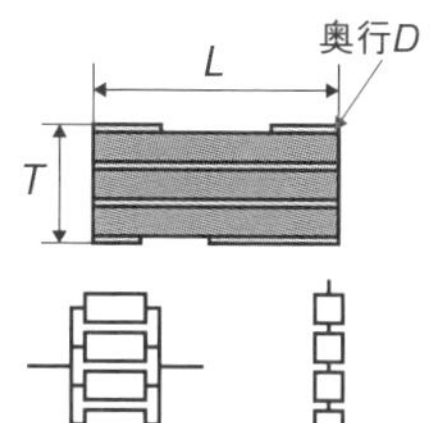

面方向の熱抵抗　板厚方向の熱抵抗

●板厚方向の等価熱抵抗λ_v（熱抵抗が直列）

$$R_V = \Sigma \frac{\text{各層の板厚}}{\text{各層の熱伝導率}\times(\text{面積}LD\times\text{残存率})} \Rightarrow \lambda_v = \frac{(\text{板厚})T}{R_V\times\text{面積}LD}$$

●面方向の等価熱抵抗λ_h（熱抵抗が並列）

$$\frac{1}{R_h} = \Sigma \frac{\text{各層の熱伝導率}\times(\text{各層の断面図}\times\text{残存率})}{\text{長さ}L} \Rightarrow \lambda_h = \frac{\text{長さ}(L)}{R_h\times\text{総断面積}TD}$$

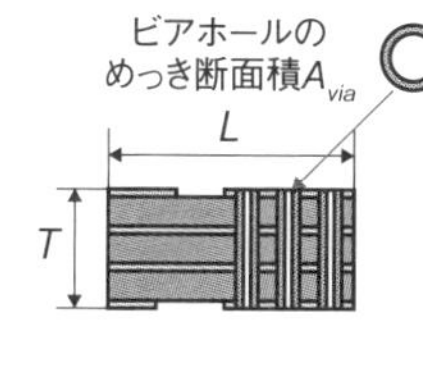

R_V

サーマルビアの熱抵抗

●ビアホールがある場合の板厚方向等価熱伝導率R_{vvia}

$$\frac{1}{R_{vvia}} = \frac{1}{R_v} + \Sigma \frac{\text{ビアの熱伝導率}\times A_{via}}{\text{板厚}t}$$

$$\Rightarrow \lambda_{vvia} = \frac{\text{板厚}t}{R_{vvia}\times\text{面積}LD}$$

サーマルビアは部品の熱を基板の反対面や中層へ移動し放熱・拡散するために使う

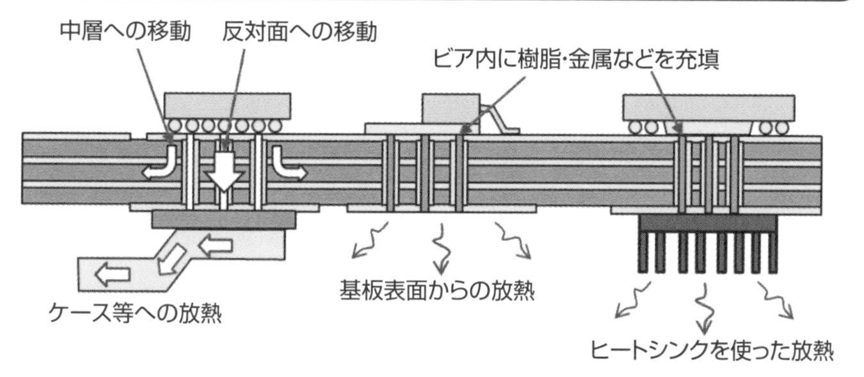

基板の熱伝導率向上には、層を増やす前に銅箔を残すことを考える

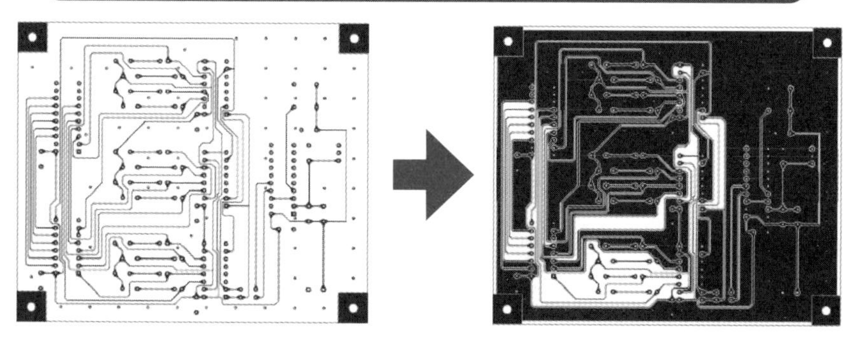

48 基板はヒートシンクだけじゃない

基板を使って温度を下げる場合の注意点

自分の熱を自分の表面積だけでは放熱しきれない部品にとって、基板はヒートシンク代わりとして、なくてはならない存在です。では、基板の熱伝導率は大きければ大きいほうがよいのでしょうか?

基板の熱伝導率が大きいと、まず困るのがはんだ付けです。普通の基板は絶縁体の熱伝導率が悪いので、はんだごてを当てた銅箔だけが高温になってはんだが溶けますが、もし基板が金属板みたいな熱伝導率だったら、熱が逃げてはんだが溶けなくなってしまいます。ただ最近は、熱伝導率の良い基板のためのはんだ付け設備も登場しているので、事前に工場へ相談したほうがよいでしょう。

次に熱に弱い部品への対応です。普通の基板なら、熱に弱い部品は風上に配置することで、他の部品の熱影響を少なくすることができますが、基板の熱伝導率が大きいと、基板から熱が回り込んできます。しかし、基板は銅箔やビアホールで熱伝導率をコントロールできるので、熱に弱い部品の周りには銅箔をなるべく残さないようにするなど、熱の回り込みを抑える設計を行います。

あと基板全体の温度が高くなると、1章で記載したように「徐々に壊れる」モードに入りやすくなります。基板の金属比率が大きくなると、基板が熱しやすく、冷めやすくなるので、はんだやパターンの割れや、層間剥離などに注意が必要です。はんだやパターンが割れるとルーズコンタクト状態になるので、原因不明のチャタリングや、電気抵抗増大による発熱・発火などが発生することがあります。基板はガラス転位点温度を超えると寸法変化が大きくなるので、基板の温度は少なくとも基板のガラス転位点温度を超えないようにする必要があります。

基板はただのヒートシンクではなく、電気が通っていることに十分注意する必要があります。

要点BOX
●基板をヒートシンク代わりにする場合、はんだ不良、基板からの熱回り込み、基板そのものの発熱トラブルなどに注意する

銅箔が大きいと、はんだが溶けてくれない！

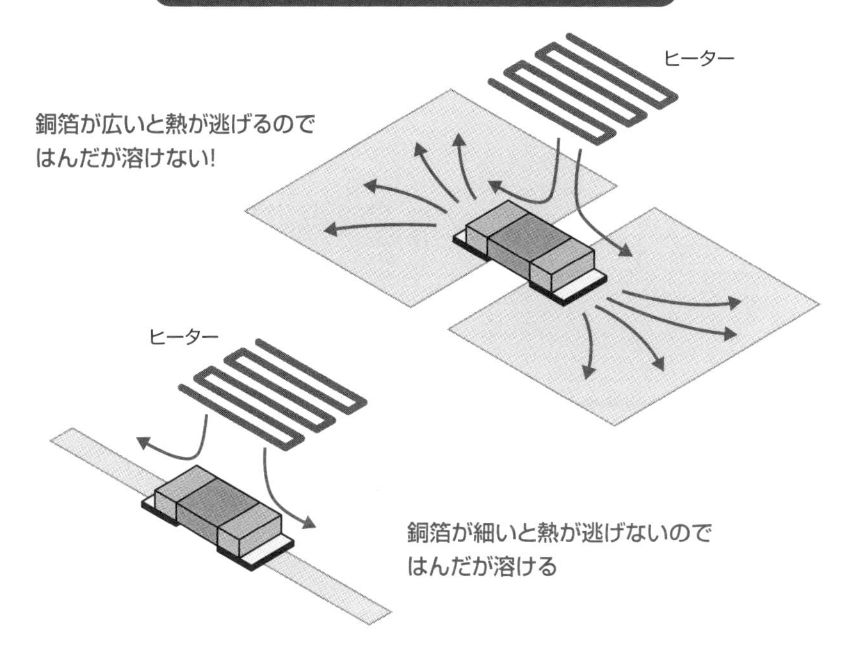

熱に弱い部品の配置

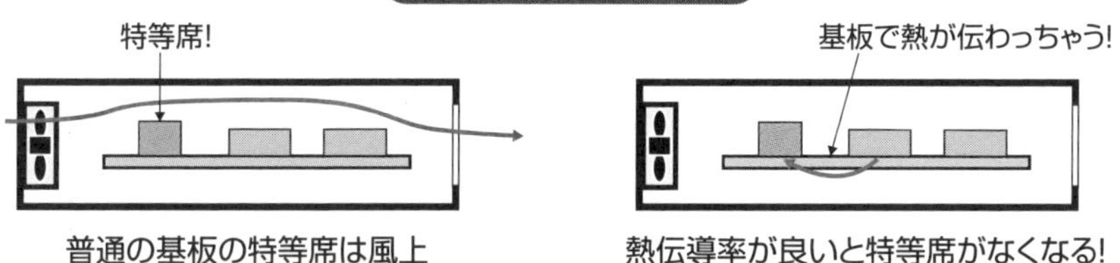

基板の熱トラブルに注意する

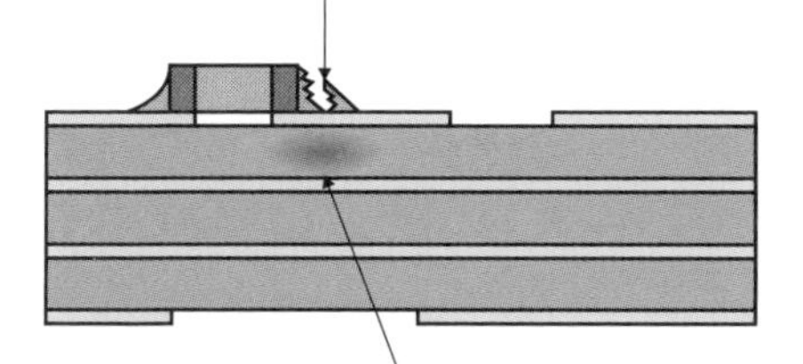

Column

ネジ・ギヤ・ヒートパイプ

人類の3大発明って一般的には「火薬」「羅針盤」「活版印刷」ですが、機械屋の私としては、「ネジ」「ギヤ」「ヒートパイプ」を推したいところです。

ネジとギヤは賛同者も多いかもしれませんが、ヒートパイプ??

いやいや、ヒートパイプの何が凄いって、

- 相変化（沸騰と凝縮）を伴う熱交換を
- ただのパイプで
- 無動力・無電源で
- 半永久的に作動する

んですよ！

こんなお買い得なデバイスはそうありません。上記の仕様を満たす装置を開発しようと思ったら、途方もないコストが掛かるでしょう。

決してヒートパイプ業界の回し者ではありませんが、本当に色々なところに活用できるデバイスだと思います。

第6章

奥の手で冷やす

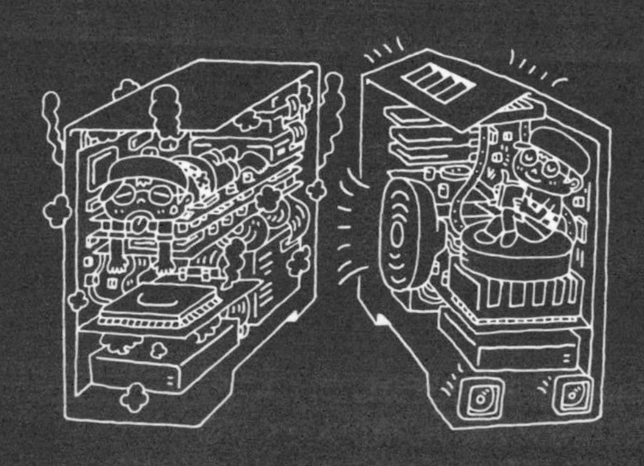

49 水冷にすればよく冷える？

水冷といっても結局は空冷

「水冷にすればよく冷える」。こう単純にイメージしている方が多くいます。確かに水道水は冷たいですよ。水道の蛇口からホースを伸ばして製品につなげれば、よく冷えるでしょう。しかし、そういうわけにはいきません。

冷却機構とは基本的に次の3つの要素から成り立っています。

①受熱部：発熱源の熱を受け取る
②熱輸送部：熱を放熱部に移動（拡散）する
③放熱部：熱を大気に放出する

水冷とは、②の熱輸送を、水を介して行うことです。発熱源の熱をいったん水に移動させ、その水（お湯ですね）を放熱部に移動させ、放熱部で改めて大気に放出しているわけです。

冷却水は装置の中を循環しているだけで、最終的には何らかの方法で熱を空気に放出しなければなりません。水冷と言っても結局は空冷なのです。

原則的には①と③の大きさは水冷であろうと変わりません。つまり水冷にすると、ポンプや配管が必要になりますので、その分、冷却機構の容積は大きくなってしまうのです。

水冷が有効なのは、次のような場合です。

・発熱部と放熱部が遠く離れている
・発熱部の熱密度が非常に大きいため、受熱部の熱伝達率を上げたい
・発熱量が大きく放熱部が巨大になるため、放熱器の隅々まで熱を拡散させたい
・発熱源が複数あって、1つの放熱部でまとめて放熱したい

まさに自動車のエンジンの冷却機構が代表例です。発熱源であるエンジンはコンパクトで発熱量が多く、風通しの悪い場所にあるので、薄く広大で風通しの良い場所に設置できるラジエータまで、水を介して熱を運ぶのです。

要点BOX
●水冷とは熱輸送を水を介して行うこと
●水冷では冷却機構の容積が大きくなる
●水冷で有効なのは自動車のエンジンが代表例

冷却機構の基本要素

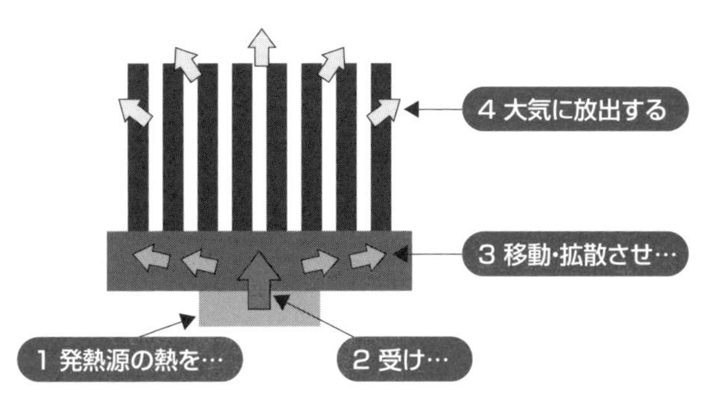

水冷が有効な場面

●受熱部と放熱部がうんと遠い

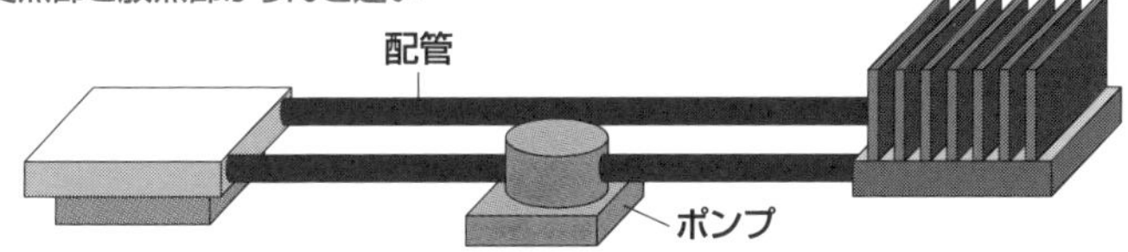

●受熱部が小さい･放熱部が巨大

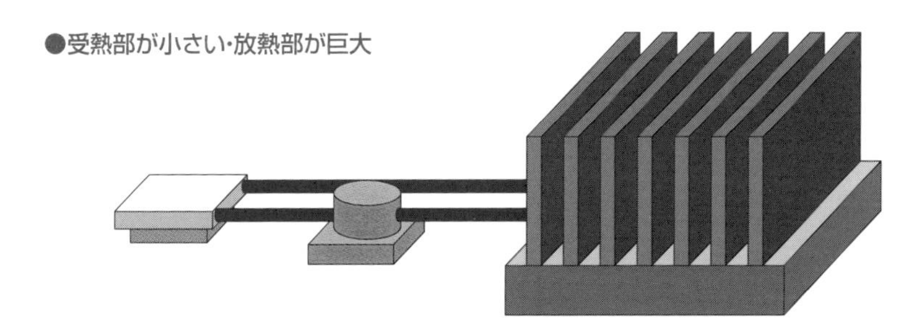

●複数の受熱部

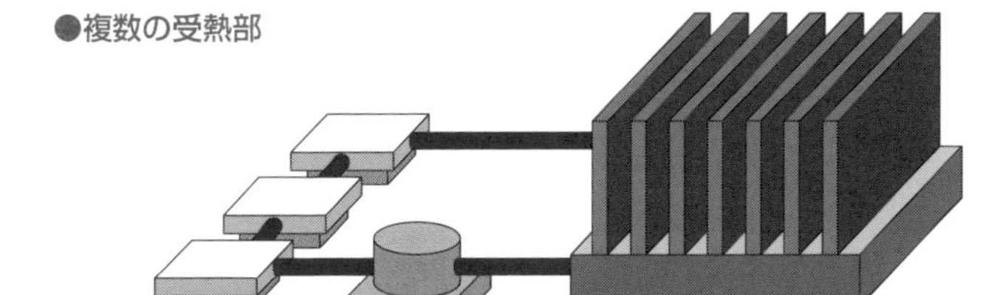

50 熱伝導率無限大の魔法の棒

ヒートパイプ

発熱部と放熱部がちょっと離れていて、ちょっとそこまで熱を移動させたい！でもアルミや銅では熱伝導率が足りず、放熱部まで熱が届かない！水冷機構を入れるほどのスペースもコストもない！

そんなときには**ヒートパイプ**がオススメです。

ヒートパイプとは、熱を運搬するパイプです。主に銅の管で作られています。両端は溶接で閉じられていて、内部はほぼ真空で、水がほんの少しだけ入っています。

富士山の頂上でお湯を沸かすと、90℃弱で沸騰するという話を聞いたことはありませんか？

気圧の低いところでは、水は100℃以下で沸騰するのです。ヒートパイプの内部は真空に近いので、人間の体温程度でもグツグツと沸騰するのです。

熱源からの熱でヒートパイプ内部の作動液が沸騰し、気化熱により大量の熱が水蒸気に移動します。（沸騰による熱伝達率は桁違いに大きい。）

その水蒸気はパイプの中を高速で移動し、温度の低い部分で再びパイプの表面に放熱し、液体の水に戻ります。液体となった水は、パイプの内壁を伝って高温部に戻ってきます。

これを繰り返すことで、ヒートパイプは全域にわたって、ほぼ温度差がなくなります。つまり、「**熱伝導率が無限大に近い棒状の物体**」なのです。すごいですよね。

こんな凄いヒートパイプにも弱点はあります。液体の水が高温部に戻ってくるとき、重力に逆らって「昇って」こられないのです。つまり、発熱部が下に、放熱部が上に配置されていないと、うまく作動しないのです。

これを解決するために、ヒートパイプの内壁に細かい溝（グルーブ）を掘ったり、メッシュや焼結金属を入れたりして、毛細管現象を利用して、重力に逆らって水を戻す工夫がされています。

要点BOX
- ●ヒートパイプは熱を運ぶ魔法のパイプ
- ●水の特性をうまく使った熱伝率∞の棒
- ●ヒートパイプにも弱点はある

ヒートパイプの内部構造

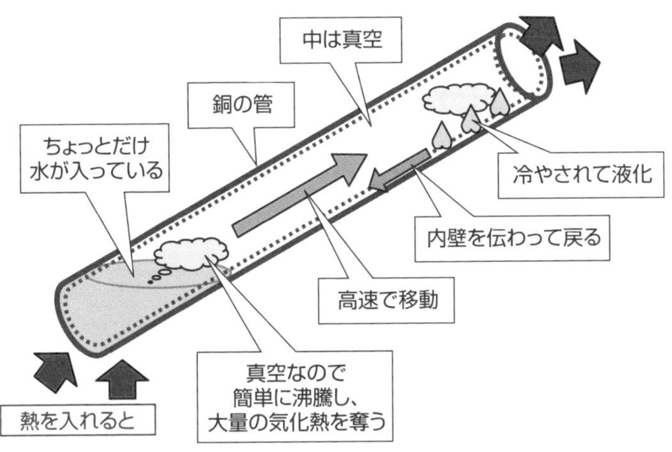

内壁の構造に工夫して効率良く水を戻す

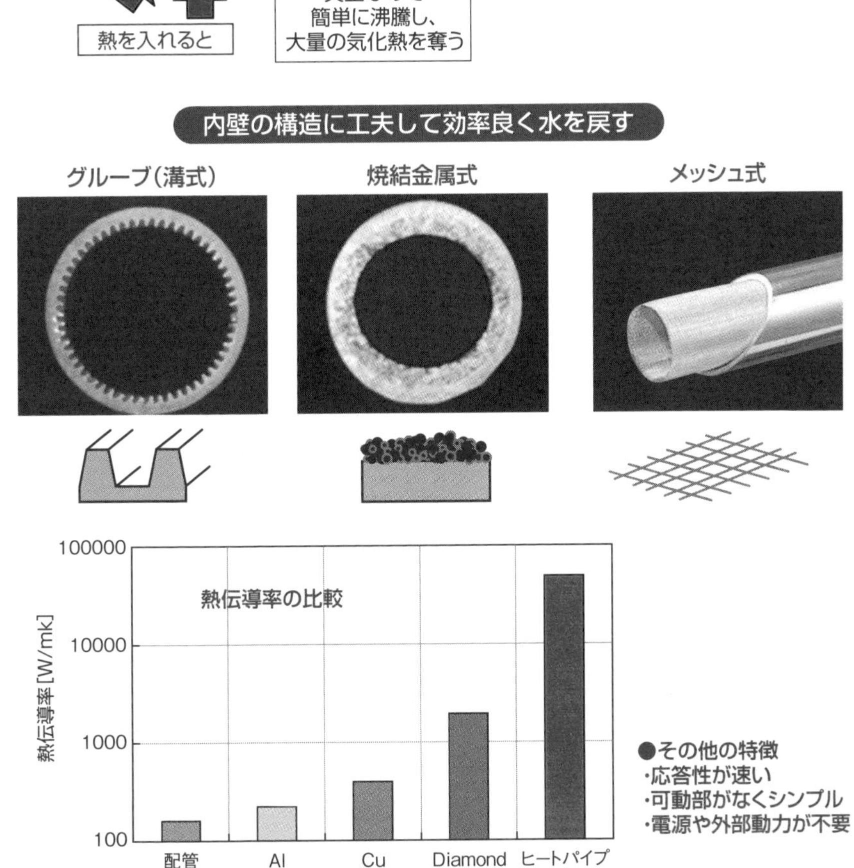

●その他の特徴
・応答性が速い
・可動部がなくシンプル
・電源や外部動力が不要

51 ヒートパイプの使い方

PS5®での実装例

ヒートパイプはいろいろな使い方ができます。

①**離れた場所へ熱を移動する**

発熱源と放熱部が遠い場合も、ヒートパイプで繋げてやれば、ほとんど温度を下げることなく、熱を移動できます。

②**熱を広げる**

発熱源が小さい場合も、ヒートパイプの先端で熱を拾い、放熱面全体に広げることができます。

③**温度を均一にする**

液晶パネルや印刷機の加熱ローラなど、広い面積の温度分布を均一にしたい場合も有効です。

水冷でやろうとしていたことが、こんな銅パイプ1本でできてしまうのです。構造がシンプルで可動部もないため、ほとんど故障しませんし、外部からの動力源や電源も不要。現在は非常に低コストで大量生産することができます。夢のようなデバイスと言えるでしょう。

実際の製品への使用例として、PS5を例に挙げて紹介します。PS5のSoCを冷却するためのヒートシンクユニットには、6本のヒートパイプが使われています。SoCからの熱は、まずアルミ製の受熱ブロックで受けます。ヒートパイプは受熱ブロックに挿入され、はんだ付けされています。ヒートパイプの冷却側には冷却フィンがはんだ付けされており、ここで空気に放熱しています。

ヒートパイプを使う上で凍結には注意が必要です。製品の**梱包状態でヒートパイプのどちらかの先端が下を向くような場合**、そこに**作動液がたまります**。この状態で倉庫の気温が0℃以下になると、**作動液が凍結し、パイプの先端が膨張**してしまいます。これを防ぐためには、梱包状態の姿勢を工夫するか、補強板などで膨張を防ぐ必要があります。実際にPS3のヒートシンクには補強板が取り付けられています。

要点BOX

- ●ヒートパイプは低コストで電源不要
- ●PS5でもヒートパイプが大活躍
- ●ヒートパイプの凍結を防ぐ工夫がある

ヒートパイプの使い方

●熱を遠くに持っていく

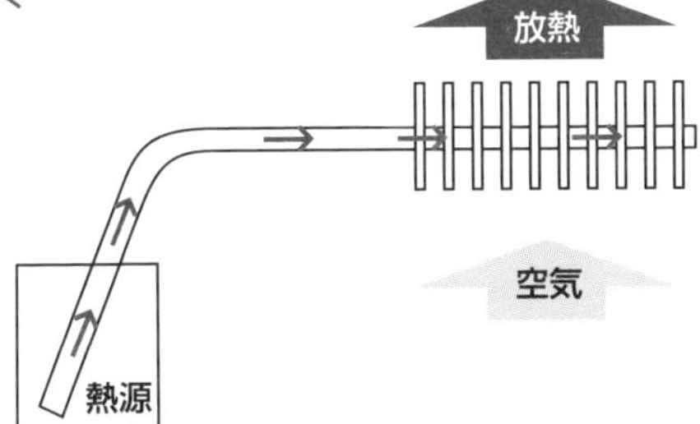

●熱を広げる

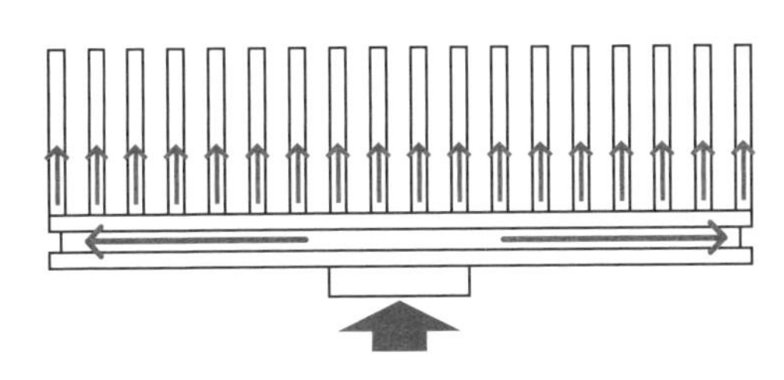

●温度を均一にする

●PS5のヒートシンク　●PS3のヒートシンク

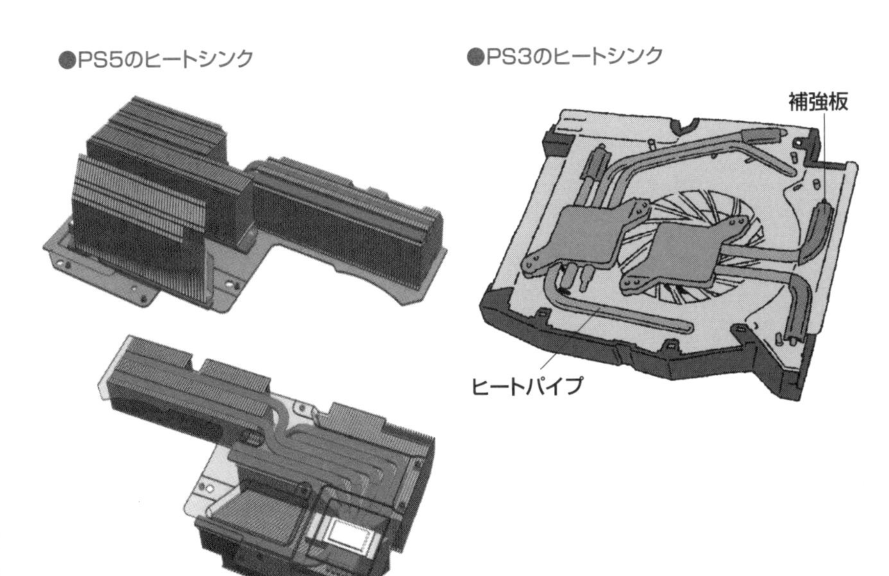

52 冷たい空気の作り方

冷熱サイクル

家庭用の冷蔵庫や自動車のクーラーは、外気温より冷たい空気を作っています。何らかの方法で空気の熱エネルギーを低温側から高温側へ移動させているはずですね。実はこれは、エネルギーの第一法則と第二法則をとてもうまく利用したシステムなのです。簡単にしくみを説明しましょう。

まず、大きさを変えられる容器の中に気体を封じ込めます。

家の外で容器に大きなエネルギーを与えて圧縮します。すると、中の気体の圧力と温度が上昇します。大きなエネルギーを与えて、気温よりも高い温度になるまで圧縮します。

次にその気体を容器に入れたまま、外気にさらします。エネルギーの第二法則に則って熱エネルギーは温度の低い外気の方へ移動し、気体の温度が下がります。

今度はその容器を家の中に持ってきて、そこで気体を膨張させます。気体からエネルギーが出ていき、さらにエネルギー密度も下がるので、気体の温度は下がります。外で大きなエネルギーを放出している分、とても冷たくなります。これで冷たい空気のできあがり。

家の中でその容器を置いておけば、部屋の空気の熱エネルギーを吸収し、気体の温度は上がり、部屋は涼しくなっているでしょう。

そしてまた、その容器を外に持っていって、圧縮して、を繰り返せばよいのです。

容器を出したり入れたりするのは大変なので、家の外に圧縮機(室外機)を設置し、家の中に膨張機(室内機)を設置し、これらをパイプでつなぎ、流体を循環させています。

しかしこれではまだまだ効率が悪く、エアコンとしてはたいして機能しません。

要点BOX

●冷蔵庫やクーラーはエネルギーの法則をうまく使ったシステム
●基本的な方法だけでは効率が足りない

冷たい空気の作り方

エネルギー第一法則　エネルギーは保たれる

エネルギー第二法則　エネルギーは温度の高い方から低い方へ

準備　容器の中に気体を入れる

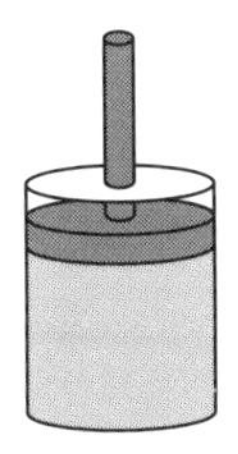

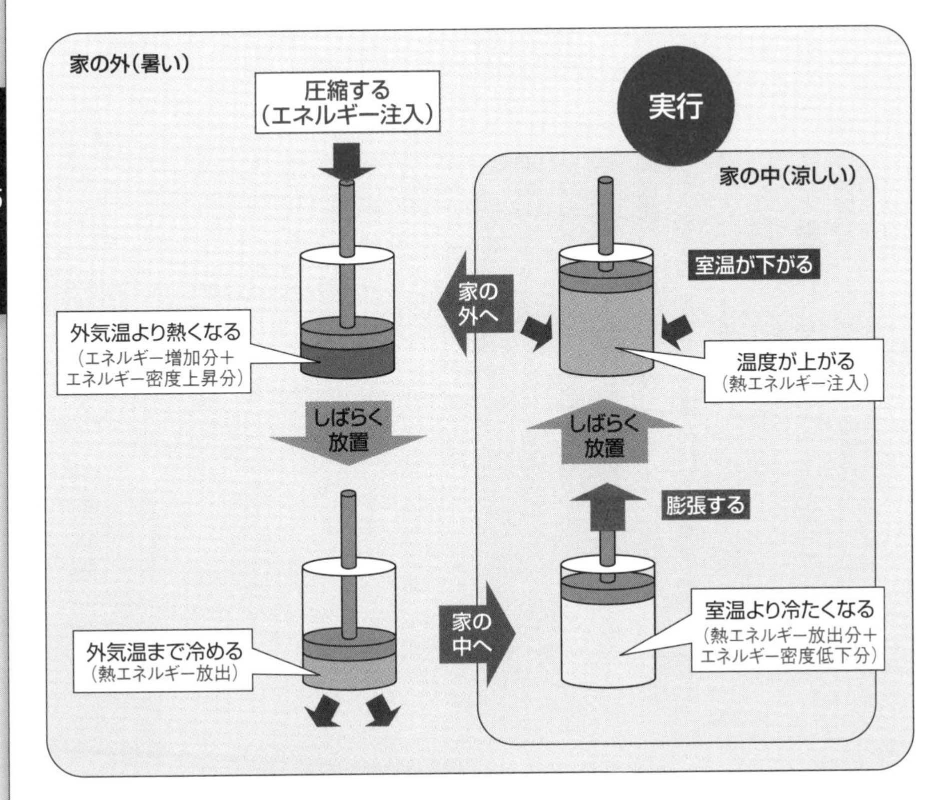

53 クーラー、冷蔵庫のしくみ

気化熱

さらに高性能な冷却機にするために、「気化熱」を利用します。液体を温めて沸騰させるには、非常に大きなエネルギーを必要とします。逆に言うと、液体が気体に変わるときには、非常に大きな熱を奪い取っていくのです。

動物が汗をかくのは、皮膚の表面温度を下げる為です。汗が蒸発するときに「気化熱」を奪っていくので、効率良く放熱ができるのです。

犬が暑いときに舌を出しているのも、唾液の気化熱を利用して放熱していると言われています。

体を消毒液で拭くとヒンヤリするのも同じです。

さて、先程のエアコンの説明の続きです。

循環させる作動流体に、常温では気体だけれども、圧縮させて常温にすると液体になるような特性の物質を使います。

室外機のコンプレッサで圧縮した高温高圧のガスを、同じく室外機の熱交換機で外の空気に放熱すると、ガスは液化します。

液化した作動液を今度は室内機へ送って、バルブで一気に膨張させ、低温のガスにします。これを室内機の熱交換器に送り、室内空気から熱を奪って再び室外機に戻します。

実際のエアコンは、さらなる高性能化のために、ほかにももっと複雑な工夫がなされています。

熱エネルギーを、熱の第二法則に逆らって低温側から高温側へ、滑り台を登らせるように逆流させているわけですから、とても大掛かりな装置が必要なのですね。

もっと簡単に、熱エネルギーを逆流させることのできる装置って、ないんでしょうか？

あるんです！

- クーラー、冷蔵庫では気化熱もうまく使っている
- 室内機と室外機での熱の運び方がポイント

クーラー、冷蔵庫のしくみ

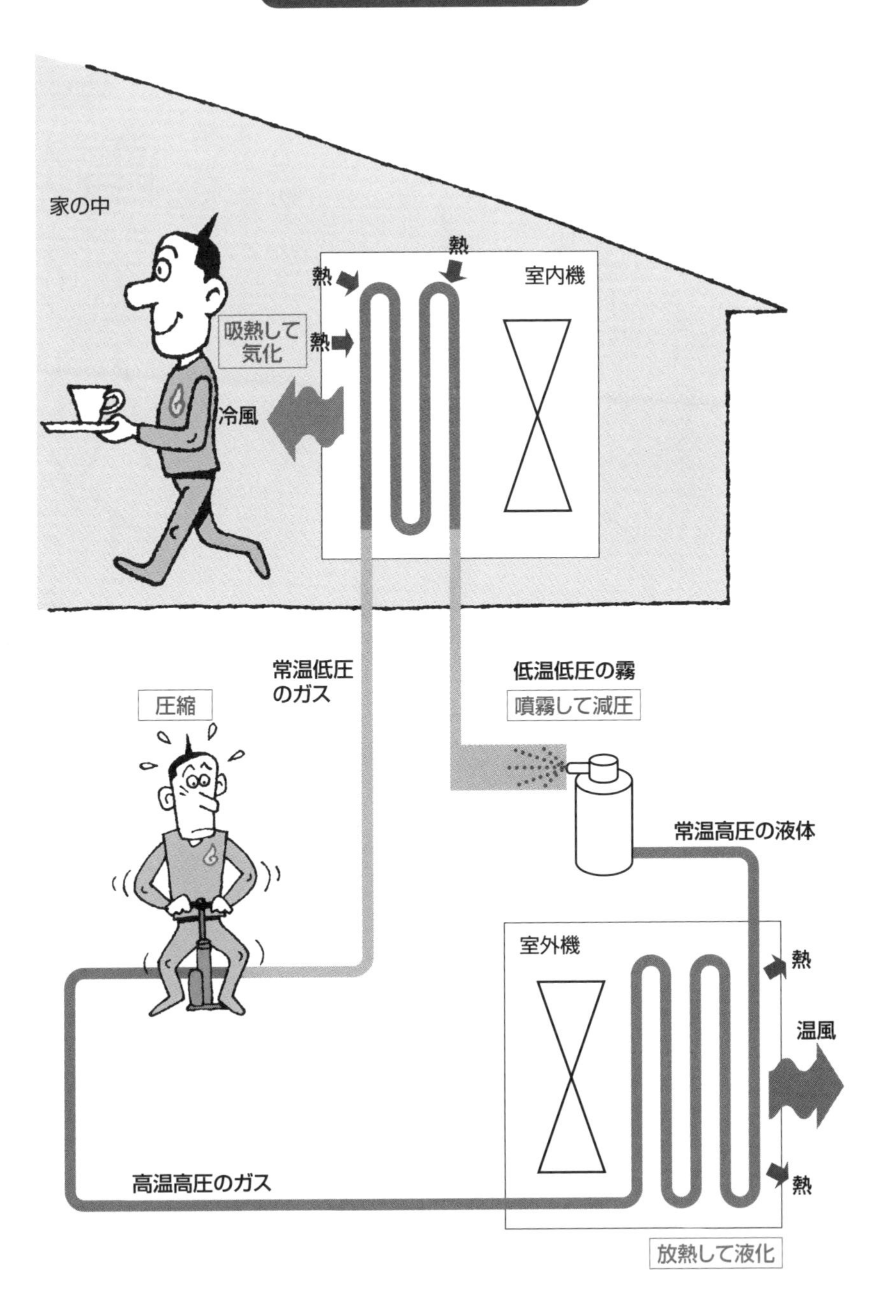

54 熱を逆流させる電子デバイス

ペルチェ素子

熱の第二法則に逆らって、熱エネルギーを低温部から高温部に逆流させるには、コンプレッサーを使った大掛かりな装置が必要でした。

「ペルチェ素子」は、この機能を電子的に実現する素子です。

2枚のセラミック板の間に、なにやら怪しげなチップがたくさんサンドイッチされた姿をしています。2本の電線が出ていて、この電線に直流電流を流すと片面が熱く、反対面が冷たくなります。

保温性の良いケースを用意し、冷たくなる面をケースの中に、熱くなる面を表に出せば、はい冷蔵庫のできあがり!

車のシガーライターソケットに繋いで使う温冷庫などで使用されています。

また電流のプラスマイナスを逆に接続すると熱い面と冷たい面が入れ替わりますので、簡単に冷蔵庫と保温庫に切り替えることができます。

ペルチェ素子の間にたくさんサンドイッチされているのは、「p型」と「n型」と呼ばれる二種類の半導体です。

これらを1つずつセットにして直列につなぎ、電流を流すと、

・p型はプラス側が冷え、マイナス側が発熱する
・n型はプラス側が発熱し、マイナス側が冷える

という特性を持っています。

この2種類の素子のセットを直列につないで、図のように互い違いに並べると、片方の面はすべて冷却、もう片方の面はすべて発熱、というユニットが完成します。これがペルチェ素子です。

見てのとおり電子素子なので、コンプレッサーの音や振動はありません。

しかし、移動させる熱量に加えてペルチェ素子自体が発熱しますので、ひとまわり大きなヒートシンクをつけるなど、発熱面の放熱には注意が必要です。

要点BOX

- ●熱の逆流を電子的に実現できるペルチェ素子
- ●ペルチェ素子自体が発熱するため、発熱面の放熱には注意が必要

熱を逆流させる電子デバイス

ペルチェ素子

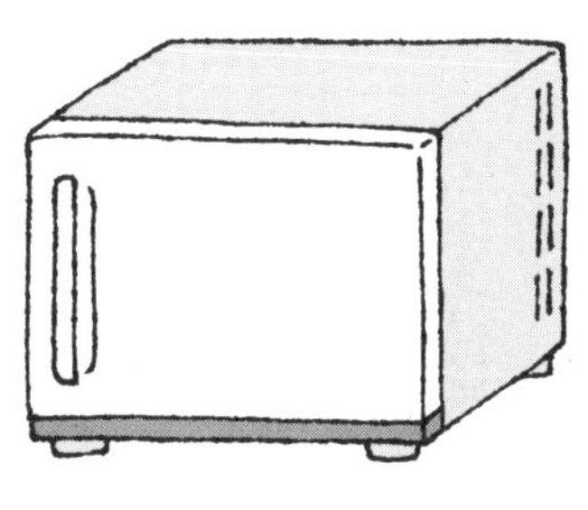
温冷庫

ペルチェ素子のしくみ

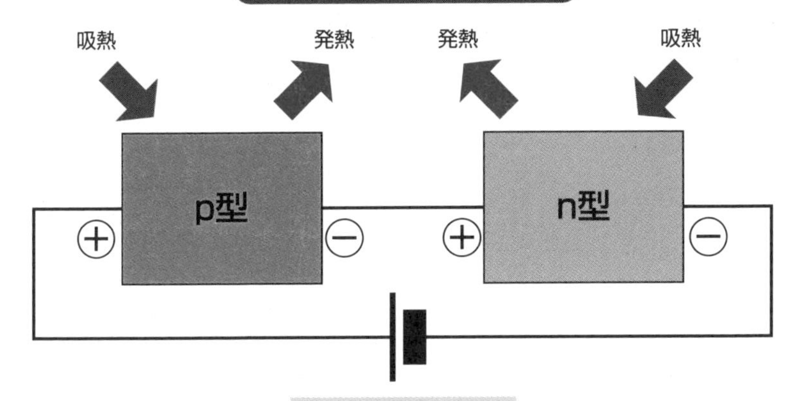

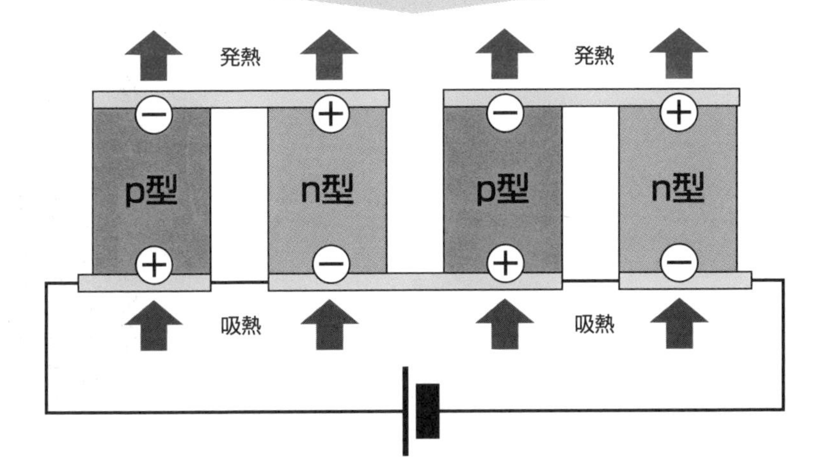

Column

手計算のススメ

よく「どんなシミュレーションソフトを使ってるんですか?」と聞かれます。それに対し私はいつも「部分的な検証には使いますが、基本的には手計算です」と答えるのですが、皆さん非常に驚かれます。

四角い木材を削って丸い玉を作ろうとしたとき、どうしますか?最初は粗い目のヤスリで粗削りをし、中目のヤスリを使い、最後に細かいサンドペーパーで仕上げますよね。最初から細かいサンドペーパーで削りだしたら、いつまでたっても木材は丸くなりません。

手計算は、最初の粗削りに相当します。

シミュレーションはときに桁を間違えます。初期条件の与え方をちょっと間違えると、文字通り桁違いの解が出てくるときがあります。

このとき、10なのか100なのか1000なのかを最初に手計算でつかんでおけば、「あれ?おかしいな」と立ち止まることができます。

この「あれ?おかしいな」を肌で感じて立ち止まることができる人というのは、シミュレーションのない時代からエンジニアをやっていて、大まかな感覚や、現物の肌触りをすでに身につけている人ではないでしょうか。

決してシミュレーションを否定しているわけではありません。桁合わせができた後の最適化のフェーズにおいては、威力を発揮すると思います。中目のヤスリに相当します。

そして、最後の細目のサンドペーパーに相当するのは、「実験」です。どんなにシミュレーションが発達しても、現物確認は必要です。

第7章

温度の測り方

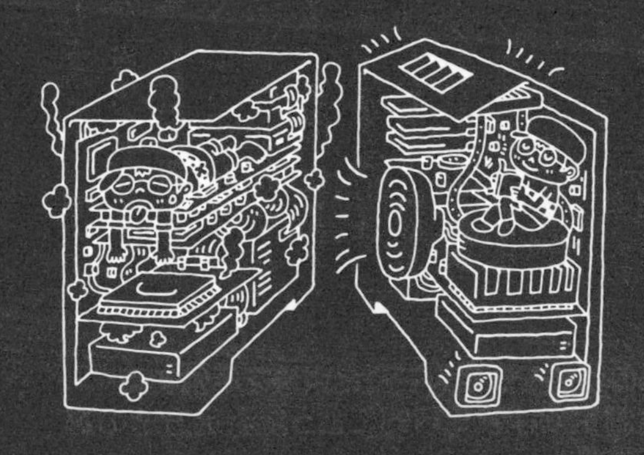

55 製品の温度の測り方

目的に応じた測定準備

　熱設計は「実際に動くとどうなるか?」を予測しながら行うので、設計後は試作して、消費電力や温度が予測通りなのか、確かめる必要がります。

　では、製品の温度を測る場合に、どんな温度計を使ったらよいでしょう?

　一般には熱電対温度計と放射温度計を使っています。製品の表面温度や、全体の温度分布を見たければ、スポット温度計やサーモグラフィーなどの放射温度計を使うのが便利ですし、外から見えないところや細かい部分を測定するときには、熱電対温度計が便利です。しかし、どの温度計も正しい使い方を知らないと、誤差が大きくなるので注意が必要です。

　また、温度測定の目的に応じて、測定する製品の準備も必要です。たとえばどのような使い方だと一番電力消費が大きくなるのか、とか、製品が温まって温度が安定するまでどの程度かかるのか、なども把握しておく必要があります。

　そして温度を測定する環境も大事です。室内で使う製品なら、一定温度で風のない場所で測りますが、屋外で使う製品では、風の影響や日射の影響も考慮します。またスマートフォンのようにカバーを付けて使うことが多い場合は、カバーを付けて測定することも必要かもしれません。いずれにせよ、実際に使われる状態を想定した測定環境を準備する必要があります。

　さらに温度計の設定や取り付け方法など、温度測定の誤差要因も多々あるため、シミュレーション結果と比較したときに、どちらが正しいのかわからなくなることもあります。こうならないためにも、測定誤差を少なくするための取り組みが必要です。

　試しに、同じ条件で温度計の設置から温度測定まで、2～3回繰り返してみてください。測定結果が同じになりましたか?これがほぼ同じになるように、測定環境や測定方法を決めておくことが大切です。

要点BOX

- 実際の状態を想定して測定環境を準備する
- 温度測定では測定目的に合った測定方法の選択が重要

部品温度などの細かい部分の温度測定には熱電対温度計

温度分布や熱電対を付けられない場所の温度測定には放射温度計

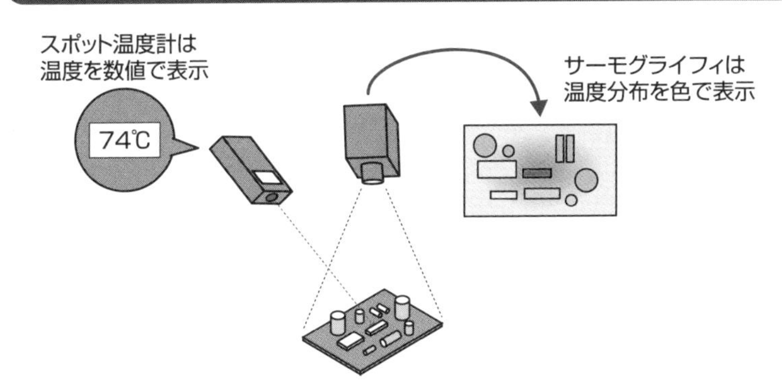

カバー付けたら何℃になる？

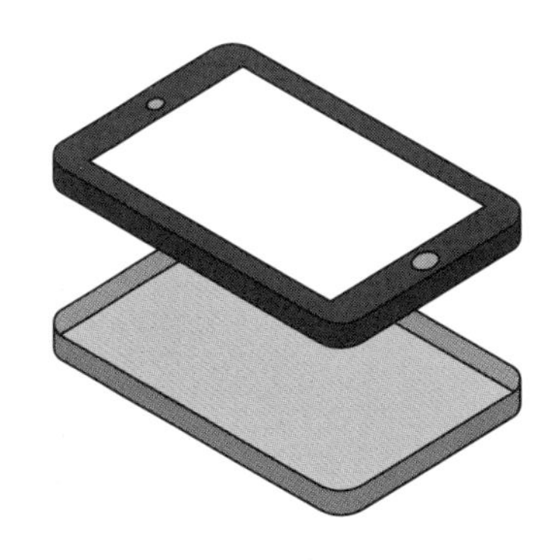

3回測って同じ温度になるかな？

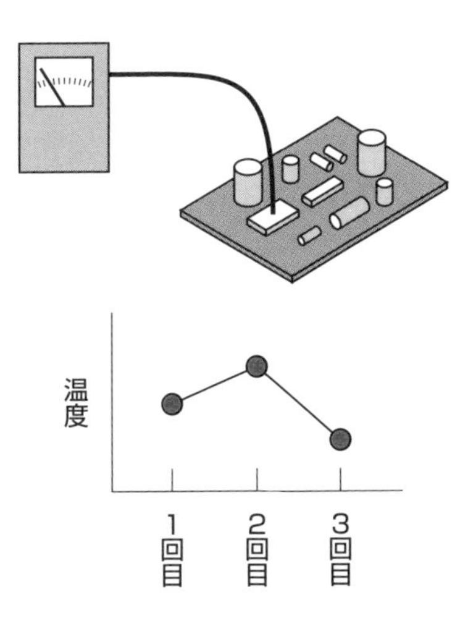

56 熱電対温度計とその使い方

熱電対温度計は一般家庭ではあまり使われませんが、設計現場では一般的な温度計です。温度計を構成するのは熱電対と、熱電対を接続して使う測定器で、測定器は記録を兼務するデータロガーとして販売される場合が多いようです。

熱電対の測定原理ですが、一本の金属線の片方の先端を温めると、中の自由電子がエネルギーを得て移動速度が増すため、温めた側の自由電子の数が減り、これが原因で金属線の両端に電位差ができます。この金属線に別の金属線を接続すると、電位差による電流が発生し、そこに電圧計を挿入すると電圧が測定できます。異種金属の組み合わせを、温度と電位差が比例するように選定したものが熱電対で、製品の温度測定にはJIS C1602に規定されたK型やT型がよく利用されています。

熱電対で温度を測定するには、2本の金属線を両端で接続した片方の温度を固定する必要がありますが、熱電対の測定器はこれを回路上で実現しているので、熱電対は片端のみ溶接した状態で販売されています。なお熱電対の起電力は、ミクロンボルト程度の小さな起電力です。このため電気ノイズに影響を受けやすく、ノイズ対策を行う必要があります。

熱電対温度計の使い方は、測定したい箇所に熱電対の先端を接触させて同じ温度にすることなので、簡単そうですが、実際にはこれが大変です。例えば小さな部品に接触させる場合、どうやって固定すればよいでしょう？通常は粘着テープや瞬間接着剤などで固定しますが、テープの粘着剤は温度が上がると粘着力が弱くなるし、接着剤は固まるまで押さえておかないと、熱電対が浮いたまま固まってしまい、測定誤差を大きくする原因になります。

このように、実際に使おうとすると色々課題が出ますが、課題を解決することによりノウハウが蓄積されるので、とにかくやってみることが大事です。

要点BOX
- ●電位差を利用した熱電対温度計
- ●熱電対測定にはノイズ対策をしっかり行うことが必要

熱電対の測定原理

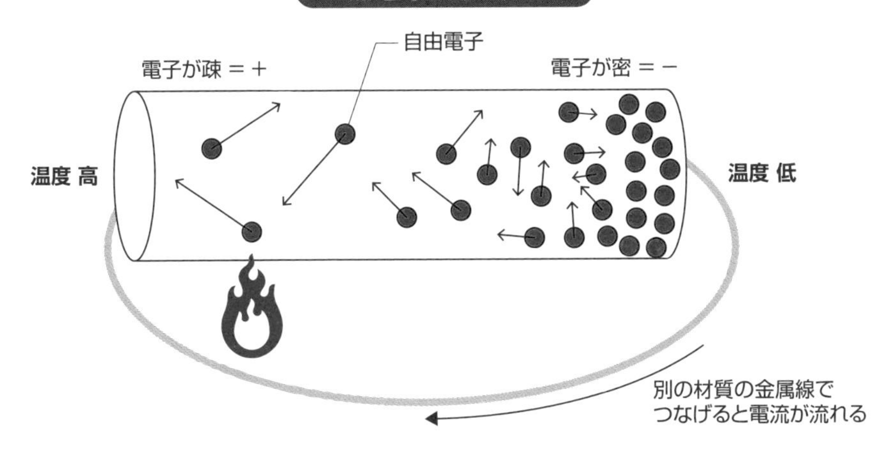

熱電対温度計

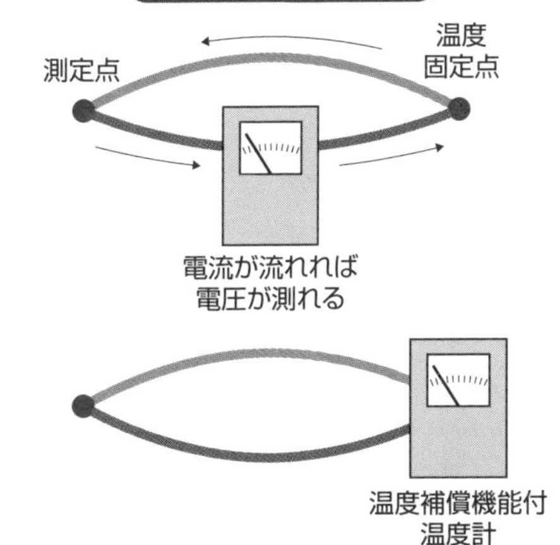

熱電対はノイズ対策が必要

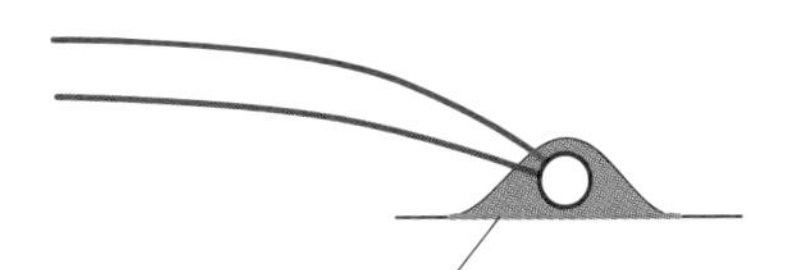

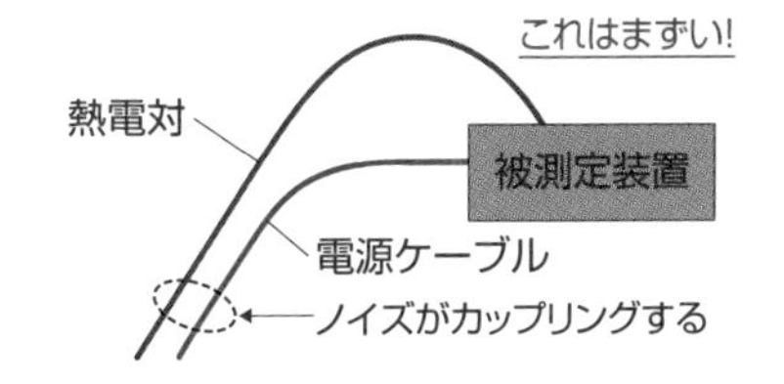

熱電対温度計はしっかり固定して使う

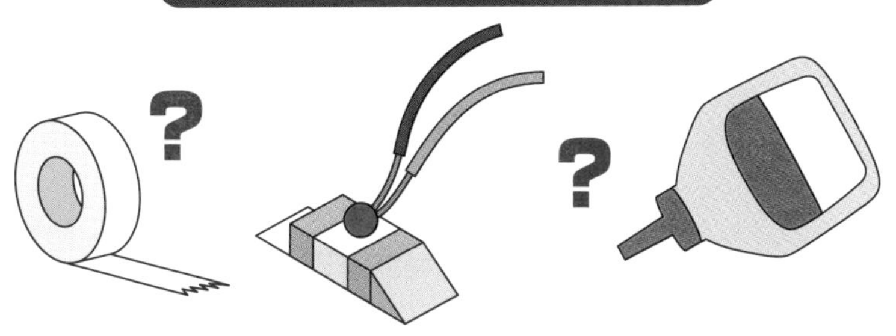

57 放射温度計とその使い方

放射率設定の重要性

最近は体温計と言ったらスポット温度計やサーモグラフィなどの放射温度計がふつうですが、果たして正しく測れているのでしょうか？

放射温度計の原理はデジカメの原理とほぼ同じで、中の撮像素子が光を電気に変えるので、その量で温度の大小を測定します。デジカメの撮像素子は可視光線の波長を扱いますが、スポット温度計やサーモグラフィは赤外線の波長を扱います。またスポット温度計とサーモグラフィの違いは、その撮像素子が1つか多数かの違いです。

放射温度計がデジカメとほぼ同じ原理なので、その使い方もデジカメとほぼ同じと考えてください。

デジカメで写真を撮るときに何に注意しますか？まずピントを合わせて、それから露出に気を付けます。放射温度計もほぼ同じで、まずピントを合わせる必要があります。スポット温度計にはピントを合わせる構造がありませんが、温度計を測定物から離すと測定面積が増えてしまい、その範囲の温度を平均化してしまいます。サーモグラフィでピントが合わないと、文字通りピンボケとなり、デジカメの場合は画像がボケますが、放射温度計の場合は温度がボケる、つまり撮影範囲の温度が平均化されてしまい、高温部が正しく測定できません。

次にデジカメの露出に相当するのが、放射率の設定です。デジカメは主に被写体が反射する光を撮影しますが、放射温度計は被写体が直接放射する電磁波を測定する必要があります。このため被写体からくる電磁波のうち、被写体が直接放射する電磁波がどれくらいなのかを知る必要があり、それを放射率として設定します。例えば鏡のようなツルツルの表面だと、可視光も反射しますが赤外線も反射するので、被写体自体が放射する電磁波の比率は小さくなります。このため放射温度計では、放射率を設定することが正しい温度測定の条件となります。

要点BOX

- ●放射温度計の原理はデジカメとほぼ同じ
- ●ピントが合わないと温度がボケる
- ●放射率の設定が正しい温度測定の条件

温度計？（原理はデジカメとほぼ同じ）

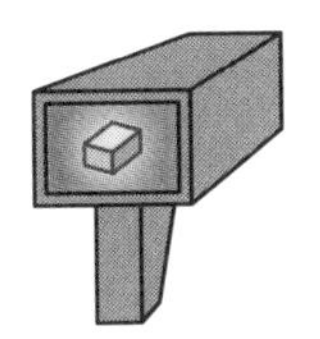

ピントが合っていないと温度がボケる

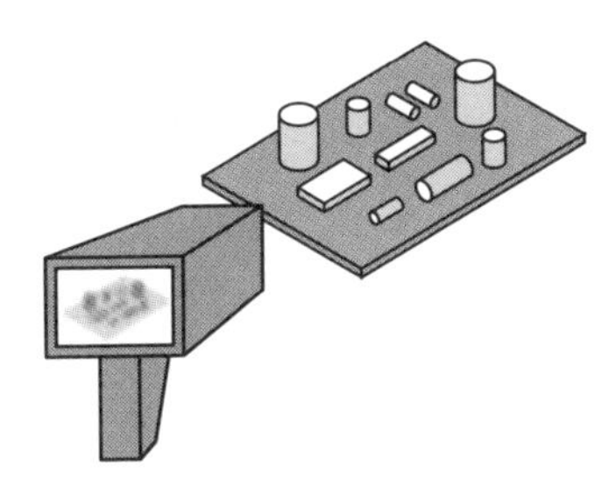

放射率の設定

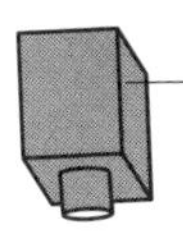

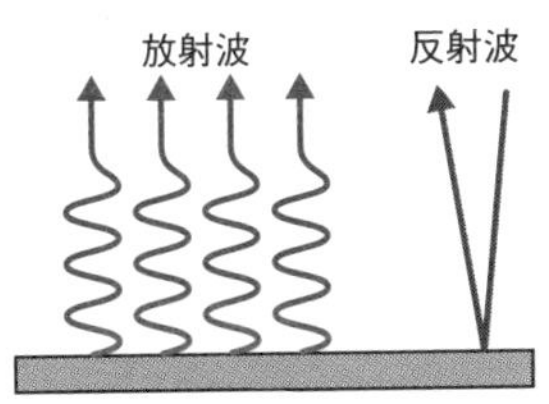

被測定物からは放射波と反射波が
混ざって見えることになる

58 測定誤差を小さくするには？

最近の放射温度計式の体温計は、ピッと瞬間的におでこや手首を測定しただけで体温が表示されますが、あれって不思議じゃありませんか？もし身近に普通の温度計があったら、試しに自分の表面温度を測ってみてください。健康な人の体温はだいたい36・5℃前後だと思いますが、そうなりますか？

そもそも体温とは体の中心の体幹温度なので、体内に温度計を差し込まないと正確に測れません。体内に近い場所が口の中や脇の下なので、接触タイプの体温計は口にくわえたり、脇に挟んだりして測定します。瞬間的に体温がわかる放射温度計は、体幹温度と皮膚温度の差分をあらかじめ用意し、測定した表面温度に加えています。しかし人間の表面温度は体幹から遠いほど低くなるので、おでこで測る体温計で手の温度を測ると、誤差が大きくなります。

製品や部品の温度測定も同じで、まずなぜその温度を測定するのかを把握し、そのうえで測定原理を理解して、その中の変動要因をどうやって抑えるのか、という作戦を立てる必要があります。

たとえば基板上の半導体部品の温度を測定する場合、目的はその半導体チップが許容温度を超えないかどうかを確認するためであり、そのためにはまずその部品をフル稼働させることが必要です。そのうえで、チップ温度は直接測定できないので、測定箇所からチップ温度を算出するための熱抵抗を計算します。そして熱電対温度計を使う場合は、どうやって固定するのか、熱電対から逃げる熱による影響はどれくらいか、などの誤差要因を確認し、その誤差を小さくするか、または誤差をマージンとして許容するのかを考えます。放射温度計の場合は前述のようにピントと放射率を合わせることが大切ですが、特に小さい部品を測定する場合は、その放射温度計で測定できるのか、ということも把握しておく必要があります。

誤差要因の把握

要点BOX

- 放射温度計は誤差があり、その変動要因を抑える必要がある
- 誤差を小さくするか、マージンとして許容する

どっちが正しい体温？

誤差要因を確認して部品測定する

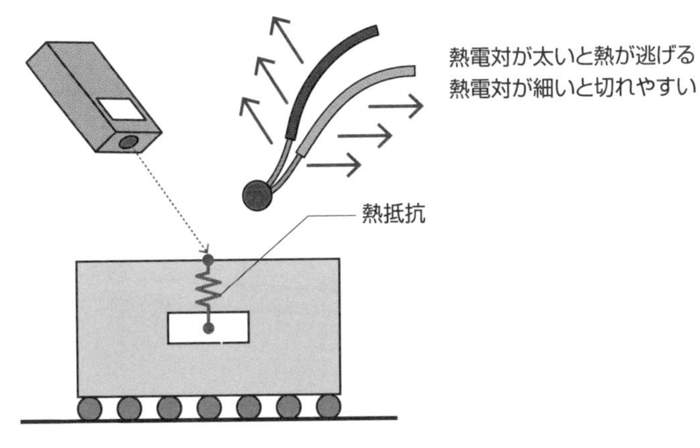

チップ温度は表面温度 ＋（熱抵抗 × 消費電力）

59 チップ部品の温度を測るには

小さなチップ部品の温度測定

チップ部品はとても小さく、自分の表面積だけでは放熱できないので、基板に放熱を依存しています。ということは、逆にチップ部品の温度は基板の温度に影響されるため、実際の製品では自分の発熱量だけでなく、周りの部品の熱にも影響されてしまいます。しかし多くの電子部品の許容温度は、周囲空気温度で規定されているため、チップ部品があっちっちでも、周囲温度の測定で評価OKになってしまう可能性があります。そこで、ここでは製品基板上のチップ部品の温度を測ることを想定し、どうやったら正しい温度を測定できるのかを考えてみます。

温度測定方法は熱電対温度計か放射温度計ですが、小さなチップ抵抗の上に熱電対を固定するのは至難の業です。テープでは無理だし接着剤も塗りにくいし…。ということで、サーモグラフィで測定することにします。

そのためには、まず小さなチップ抵抗が測れる解像度を持つサーモグラフィが必要です。それには測定器のIFOV（瞬時視野角）と呼ばれる数値に、被写体までの距離を乗じた値が、チップ部品内の高温部より小さい必要があります。次にピントと放射率をチップ部品表面に合わせます。ボディだけでなく、周囲の基板や部品の温度まで測定する場合は、黒体塗料などで測定範囲の放射率を均一化します。

最近は一部の部品メーカで、測定しやすい端子部温度で許容温度を規定するようになってきました。この場合は、チップ部品の端子部のはんだフィレットに、熱電対をはんだ付けして測定することができます。この場合、実測温度を許容温度と直接比較できるので、誤差の少ない判定ができます。

部品1つの温度測定だけでも大変ですが、この結果が熱設計の成果であり、製品のコストと品質を左右することになるので、気合を入れて測定してください。

要点BOX

- ●チップ部品を測るにはピントと放射率を合わせる
- ●端子部温度規定のチップ部品は、熱電対をはんだフィレットに付けて測定できる

チップ部品は周囲温度が一定でも周りの部品の熱の影響を受ける

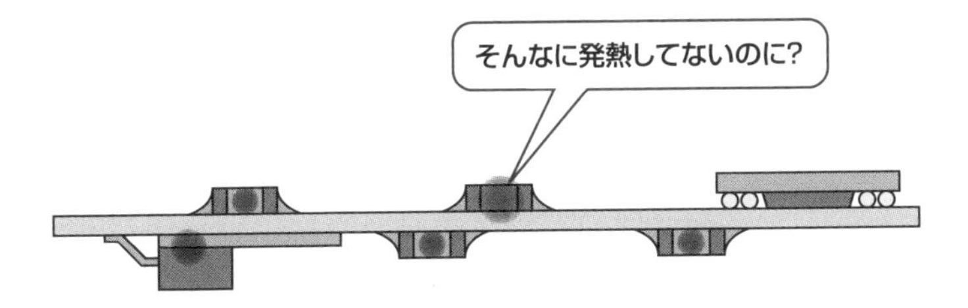

サーモグラフィでチップ抵抗の測定

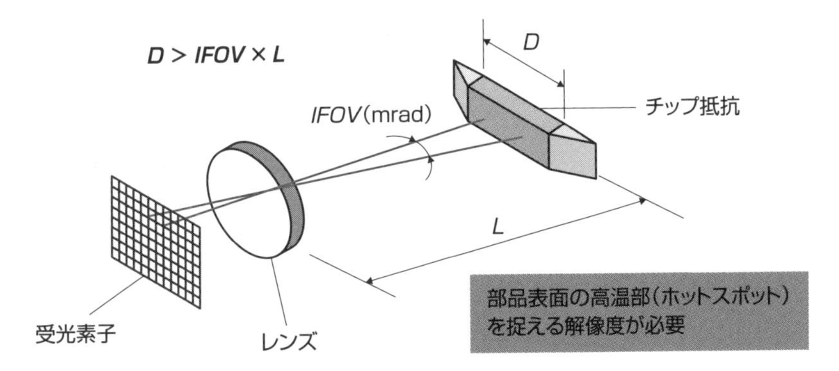

許容温度が端子部で規定されていると、測定しやすい!

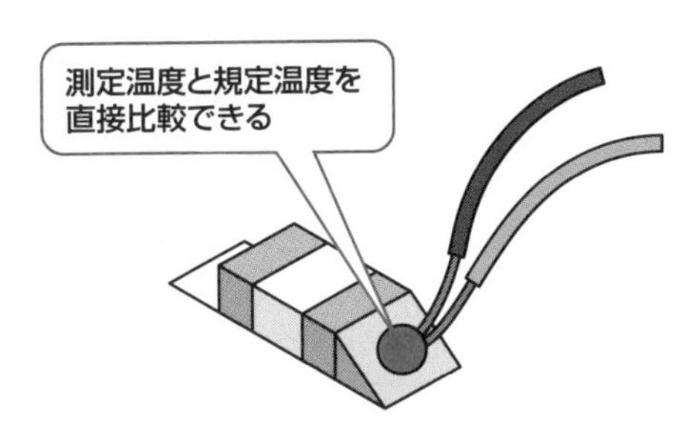

Column

開発体制・チームワーク

筆者はソニー・インタラクティブエンタテインメントでPS2からPS5までのPlayStation®のハードウェア開発に携わってきました。

これらは、最新デバイスを安価に大量生産するという、非常に難しい仕事です。メカ・電気・ソフト、すべてのシステムが完璧に機能しないといけません。

このような難しい開発を可能にしているのは、とりもなおさず「チームワーク」だと思います。

PlayStationのハードウェア開発チームは、おそらく読者の皆さんが想像しているよりずっと小さい規模で、PlayStationのハードウェア開発チームは、おそらく読者の皆さんが想像しているよりずっと小さい規模で、いつでも集まれるような近い距離で仕事をしています。

メカ屋・電気屋・ソフト屋がすぐ近くに集まって、一緒に仕事をしているので、何か問題があったときやアイデアに煮詰まったときは、すぐに声をかけて集まることができます。

第2章でも書いたように、昨今の熱設計はメカ屋だけの仕事ではなくなってきています。このようなな風通しの良い開発環境があってこそ、短い開発期間での新製品投入が可能になっているのです。

第8章 開発現場の熱設計

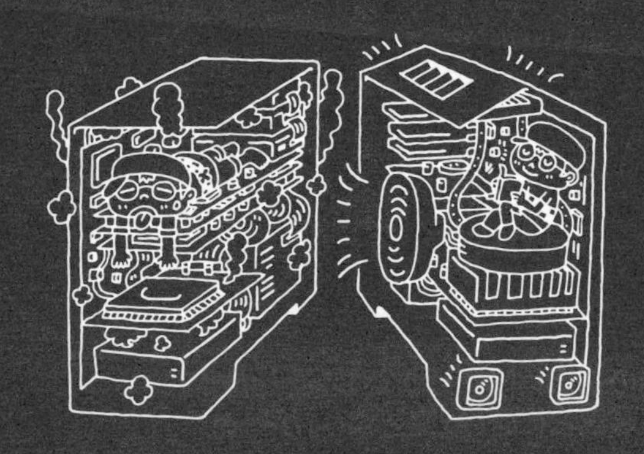

60 ゲーム機の熱設計をしてみよう

開発の現場では、いろんな部門の人が関わって、商品を作り上げていきます。

企画部門やデザイン部門は「こんな商品が欲しい」を語りますし、資材部門は「少しでも低コストで」調達したいし、製造部門は「組み立てやすい」構造を望みます。営業部門は他社より早く市場投入するために、厳しい日程を要求してくるでしょう。設計部門はこれらの色々な要求を満たすよう、開発を進めなければなりません。

そんな色々な制約条件をすり合わせ、理想の商品構想を創り上げていくプロセスが「商品開発」なのですが、開発の初期の段階では、コスト、生産性、日程など、関係する様々な要素は非常に流動的で、**「決まっていないこと」がたくさんあります。**

決まっていないことが多いので、正確な熱シミュレーションモデルは作れませんし、作れたとしても、流動的な条件のモデルに対して何度も時間をかけて精度の高い検討結果を出すこと自体、あまり意味がありません。

このような流動的な状況下においては、精度の高い詳細なシミュレーションよりも、簡単で迅速な「概算見積り」の手法が重宝されます。

商品設計の現場に長年携わってきた筆者は、この**概算見積りこそが熱設計の原点**であると思っており、この本で一番伝えたいことなのです。

筆者がこれまで開発に携わってきたゲーム機の仕様を例題に、熱設計の一部をご紹介します。

- **製品の大きさはどのくらいになるか**
- **ファンは必要か**
- **どのようなファンが最適か**

これらについて熱設計してみましょう。
エクセルなどの表計算ソフトのご準備を！

要点BOX
- ●開発の初期段階では設計要素が流動的
- ●そんな場合には「概算見積り」が有効

PS5®での熱設計

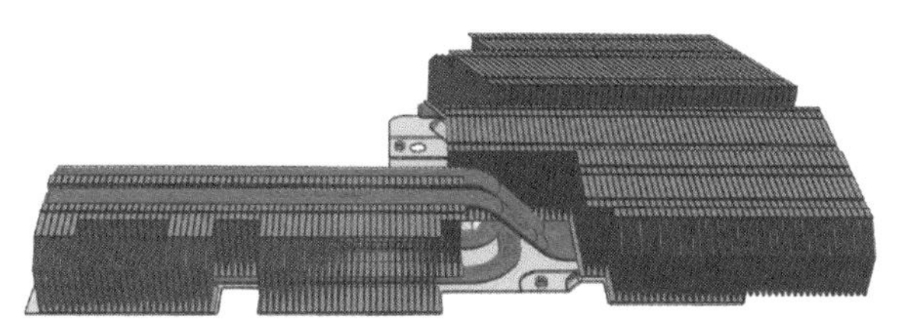

PS5のヒートシンク

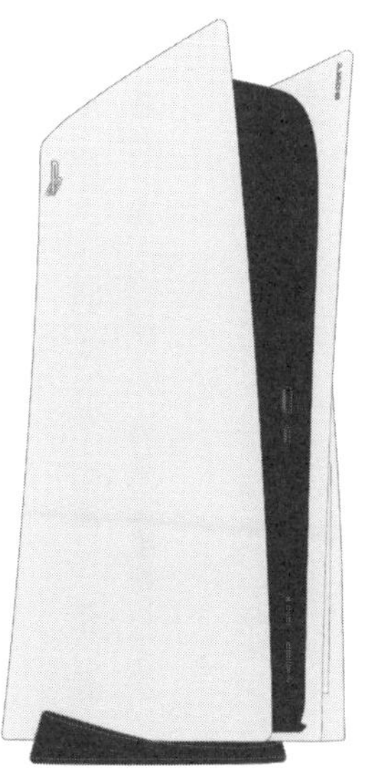

PlayStation®5
2020年11月12日発売
消費電力 350W

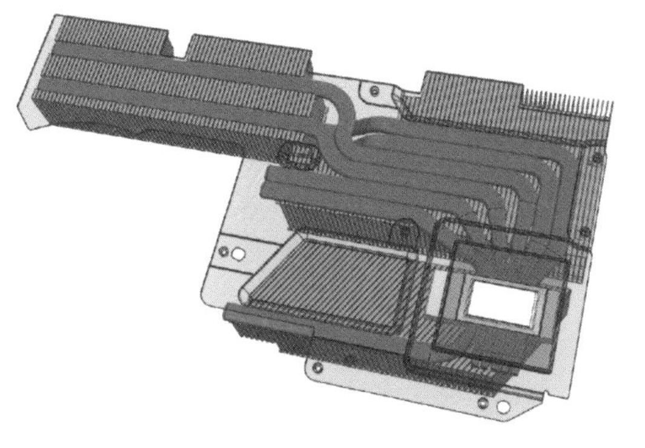

6本のヒートパイプが使われている

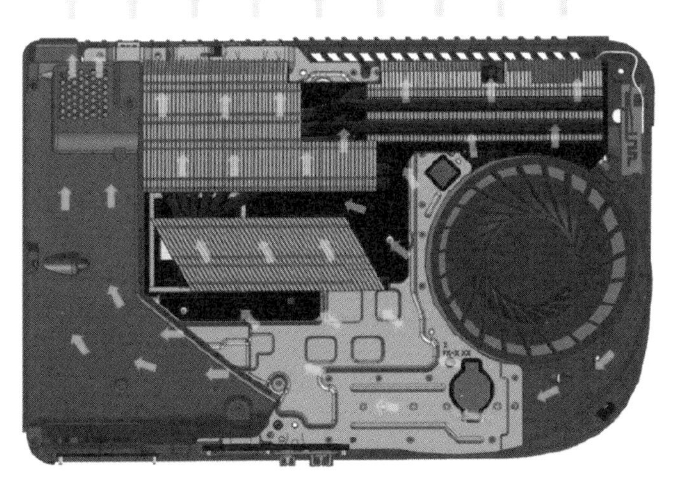

PS5のファンと空気の流れ

61 熱設計で最初にやること

密閉しちゃって大丈夫？

製品の熱設計を大きく左右するポイントとして最初に確認するべきなのは『**密閉した箱で大丈夫か？それとも風穴を開けて換気が必要か？**』です。

これは簡単です。製品の表面からどのくらいの熱が出ていくのかを見積ればよいのです。

製品の内部の発熱量より、製品表面からの放熱量の方が十分に大きければ、密閉筐体で設計できる可能性があります。発熱源から筐体表面まで、**熱が移動できるルートを開通させてあげる**だけでよいのです。これが逆ならアウト、何らかの方法で換気しなければ、絶対に冷えません。

箱の表面から出ていく熱エネルギーの量は、**箱の表面の面積、素材・色、温度**と、**外気温度**だけで決まります。

箱の**表面積**（大きさ）と**素材・色**は商品のデザインで決まり、**表面温度**は製品の安全上の仕様から決まります。（第2章21項参照）

外気温度は最悪状態を想定し、商品として想定している上限の外気温度に、さらに安全マージンとして5℃くらい上乗せしておきましょうか。

第2章で説明した通り、**熱の移動の方法は熱伝導・熱伝達・熱放射の3種類だけ**です。

機器の表面が外部と接触しているのは小さなゴム足だけでしょうから、これは無視して、熱伝導による熱の移動はないものとしましょう。

つまり、箱の表面から熱伝達と熱放射によって出ていく熱エネルギーを計算すればよいのです。

この時点では、内部構造やヒートシンクの設計がどうだとか、内部の電子部品の温度が何℃になるかとかは関係ありません。箱の内部で発生する熱エネルギーと、箱の表面から出ていく熱エネルギーのどちらが大きいか、だけの話です。

要点BOX

●製品の発熱量と放熱量を見積ることができれば熱設計をデザインできる

箱の表面から出ていく熱量を見積る

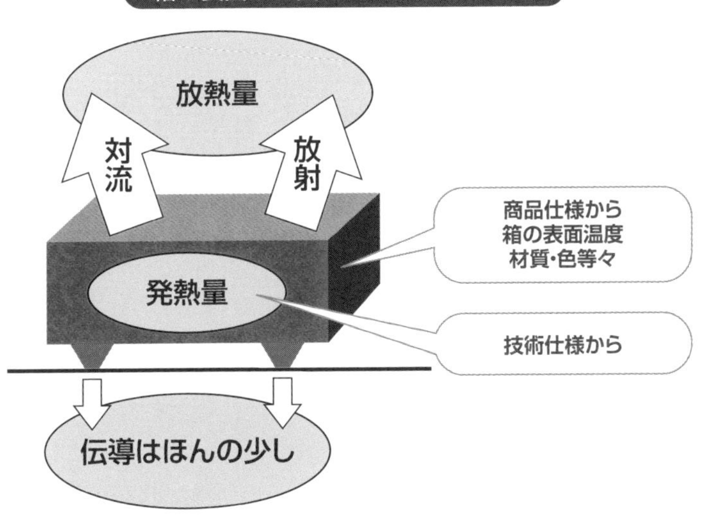

発熱量<<<放熱量　ならセーフ!
密閉筐体で設計できるチャンスあり

発熱量>放熱量　ならアウト!
換気が必要ってこと。

62 外装表面からの放熱量

足りない分は換気が必要

では、実際に計算してみましょう。

製品サイズはPS5と同じくらいで、幅390㎜奥行き260㎜厚さ100㎜の直方体とします。環境温度は、製品の想定動作環境温度の上限に安全マージンも持って40℃とします。

機器の外装の表面温度も、商品仕様としての許容温度が決まっているはずです。ここでは据置き機器を想定し、箱の表面が一様に60℃に暖まっていると仮定します。携帯機器であれば、もっと低い温度に設定しなければならないでしょう。

外装の素材や色で決まる表面の放射率は、一般的な樹脂材料を想定し、0.8としておきます。

だいたい何Wぐらいだと思いますか？

左ページの計算によると、61Wでした。

結構放熱できる!?

いえいえこれは筐体の表面が一様に60℃になれば、の話です。**実際には筐体の表面には温度分布があり、60℃の場所はほんの一部で、**大部分はそこまで達していないことでしょう。ざっくり6割としてみると、約37Wしか放熱できません。

製品の発熱量（＝消費電力）が350Wだとすると、残り313Wは換気によって放出しなければならないということになります。

ついでに必要な換気量も計算してみましょう。**40℃の空気を吸って、60℃の空気を排出する**ということになります。

計算の結果は**12ℓ/sec（0.73m³/min）**となります。1秒で12ℓって、パッと考えてみても結構な換気量ですよね。

後ほど詳しく説明しますが、**この換気量は自然対流では出せません。**強制的に換気するためのファンが必要です。

要点BOX

●箱（筐体）の表面から出る放熱は必要な換気量と比べて意外と少なかった

例題

外気温40℃

390x260x100mm

※底面は床設置を想定し、無視する

<熱伝達による放熱>

縦向きの面

0.39m×0.26mが2面

0.39m×0.10mが2面

合計面積=0.2808m^2

代表長さ=高さ=0.39m

熱伝達率=2.51×0.56×((60℃-40℃)／0.39m)0.25=3.76

放熱量=3.76×0.2808m^2×(60℃-40℃)=21.1W

横向きの面

0.26mm×0.10mm(上面のみ。底面は放熱しないと仮定)

面積=0.026m^2

代表長さ=(0.26m×0.10m×2)／(0.26m+0.10m)=0.144m

熱伝達率=2.51× 0.52×((60℃-40℃)／0.144m)0.25=4.48

放熱量=4.48×0.026m^2×(60℃-40℃)=2.3W

<熱放射による放熱>

全面積(底面は除く)=0.2808m^2+0.026m^2=0.3068m^2

放熱量=5.67×10^{-8}×0.8×0.3068m^2 ×(333.154−313.154)=37.6W

<合計放熱量>

21.1W+2.3W+37.6W=61.0W(表面が一様に60℃だった場合)

ざっくり6割と考えると

61.0W×0.6=36.6W

<必要な換気量>

換気による放熱量=350W−36.6W=313.4W

換気量=熱量／(空気の熱容量×温度差)

=313.4W／(1.2953J/ℓK×(60℃−40℃))=12.1ℓ/秒

63 ファンの性能と箱の空気抵抗

P-Q線図

ここで、換気の見積りをするときに使う、便利な道具を紹介しておきましょう。「P-Q線図」あるいは「**P-Q特性**」と呼ばれるグラフです。

縦軸は静圧P、横軸は流量Qです。

①装置の抵抗特性

吸気口と排気口がある箱を想像して下さい。吸気口から空気を送り込むと、箱の中を流れて、排気口から出ていきます。

箱の中に機械が詰まっていたら、流れる空気には空気抵抗があります。つまり、吸気口にかける静圧が低ければ少量の空気しか流れず、静圧が高ければ大量の空気が流れます。当然ですね。

その関係をグラフに示すと、右肩上がりの曲線になります。

これが「この箱にどのくらいの圧力をかけると、どのくらいの空気が流れるか」を意味する曲線で、一般的に「**システム・インピーダンス**」と呼びます。

②ファンの性能特性

「このファンの性能は?」と聞かれたとき、「10馬力!」とか、1つの数値で言えると簡単なのですが、そうはいきません。なぜなら、同じファンでも、抵抗が大きい箱につけたら少量の空気しか流せませんし、抵抗が小さい箱につけたらたくさんの空気を流せるからです。

その関係をグラフに示すと、右肩下がりの曲線になります。

これがそのファンの能力、つまり「このファンはどのくらいの静圧のときに、どのくらいの空気を流せるか」を示す曲線で、一般的に「**ファンのP-Q特性**」と呼びます。

③動作点

では、①の装置に、②のファンを取りつけた場合に、どれだけの静圧が発生し、どれだけの流量が流れるでしょうか? その答えを示すのが、①と②の交点である動作点なのです。

要点BOX
●ファンの性能と装置の空気抵抗は「P-Q特性」で表せる
●2つの曲線の交点を見れば、流れる空気の量が見積れる

ファンは空気抵抗に逆らって空気を流す

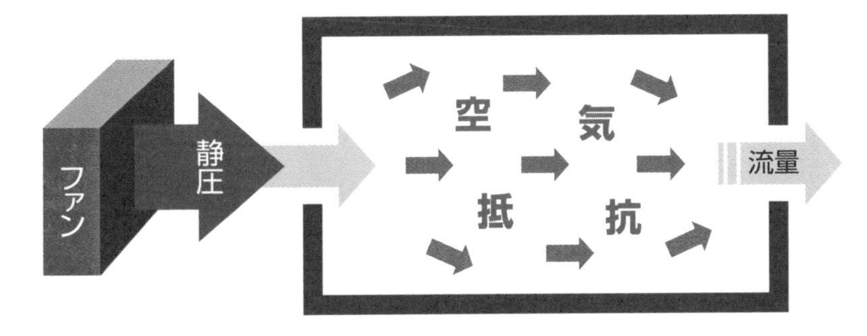

①箱の抵抗
静圧低い→流量少ない
静圧高い→流量大きい } 右肩上がり

②ファンの性能
静圧低い(抵抗小さい)→流量大きい
静圧高い(抵抗大きい)→流量小さい } 右肩下がり

P-Q線図

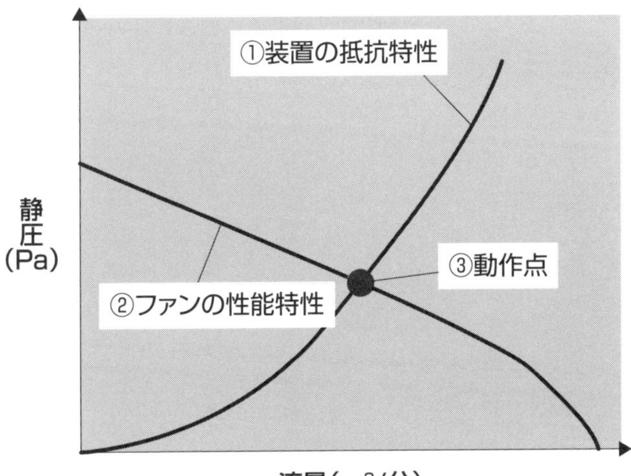

64 いろいろなファン

各種ファンのP-Q特性

ファンにはいろいろなタイプがあります。その種類によってP-Q特性線の傾きが変わってきます。代表的なものを3つ紹介しましょう。

①軸流ファン

もっとも一般的な、扇風機の羽根のようなファンです。羽根の回転の軸方向に風が出ます。静圧が低く，風量が大きいという特性です。

デスクトップPCやPS2®など、空気抵抗の小さい製品によく採用されています。

②遠心式ファン

遠心力を利用して空気の流れを起こすファンです。羽根の回転の周方向に風が出ます。静圧が高く，風量は小さいという特性です。ノートPCや〝PS3〟など、内部構造が緻密で空気抵抗の大きい製品によく採用されています。

③クロスフロー・ファン

回転する円筒の片側の曲面から大量に吸い込んで、反対側の曲面から大量に吐き出します。

超大風量・超低静圧なのが特徴です。換気量が非常に多く、システム・インピーダンスが低いため、エアコンの室内機にぴったりです。

これらのファンの特性を、P-Q線図にプロットしてみました。クロスフロー・ファン→軸流ファン→遠心式ファンの順に静圧が高くなっていますね。

参考に、機械式コンプレッサーの値も載せてみました。ご想像のとおり、ものすごい圧力です。その代わり流量は非常に少ないですね。

同じ種類のファンでも、大きさや回転数が大きくなると、風量・静圧ともに大きくなります。

- ●ファンの種類によってP-Q特性も異なる
- ●大きさや回転数が大きくなると、風量・静圧ともに大きくなる

いろいろなファン

①軸流ファン

②遠心式ファン

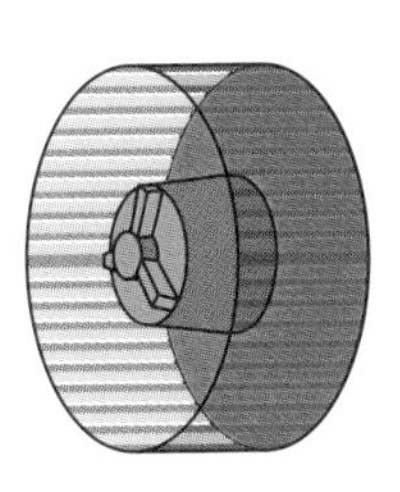

遠心式ファン：立ったP-Q線図

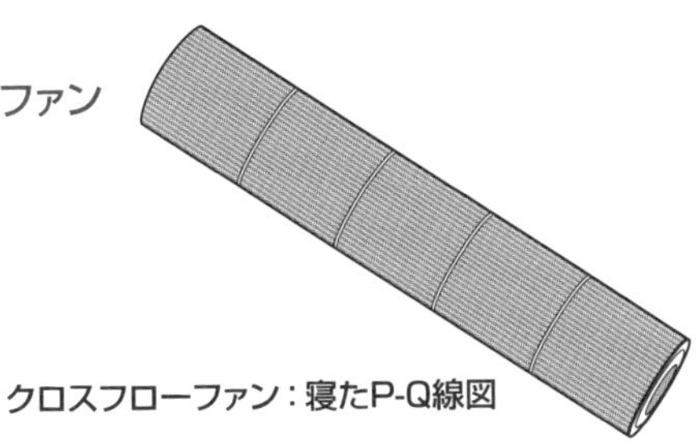

クロスフローファン：寝たP-Q線図

P-Q線図をマッピングすると…

ファンのP-Q特性マップ

静圧(Pa)

1000万
100万
10万
1万
1000
100
10
1

機械式コンプレッサ
遠心式
軸流
クロスフロー

0.001 0.01 0.1 1 10 100

流量(m³/分)

※だいたい真ん中の値を代表値とした

65 ファンの選定方法

熱設計では最初にファンを決める

強制空冷機器の設計で、最初に決めなければならないのはファンの種類と大きさです。意外かもしれませんが、ヒートシンクや細かい内部構造よりも先に決めます。というか決まってしまいます。

まず、必要な換気量を見積ります。先ほどの計算で、PS5と同じくらいのサイズで350Wの発熱量の製品では、0.73m³/minの換気量が必要とわかりました。ちなみに初期型のPS2のサイズ・発熱量80Wで計算すると、0.14m³/minになります。他、PS3やPS4でも計算してみました。

次に必要な静圧を見積りますが、実は机上計算で簡単に出るものではありません。類似の機種や模型を使ってシステム・インピーダンスを測定するのが手っ取り早いでしょう。

これらの必要風量と必要静圧を、先ほどのP-Qマップに当てはめると、どのタイプのファンが最適かを判断できるのです。

左の表にPS2からPS5までの各機種の数値を載せました。PS2の要求仕様は、軸流ファンのストライク・ゾーンですね。またPS3やPS4の要求仕様は、遠心式ファンがちょうどよさそうです。PS5はちょうど中間くらいですので、遠心式でも軸流式でもどちらでもいけそうです。この場合は内部レイアウトや空気の流れを考えて収まりのよい方を選びましょう。PS5では遠心式を選びました。

あとは、ファン・メーカーのカタログを見て、P-Q特性が合うファンの中から，ちょうどよい大きさのものを選ぶだけです。ここで少し大きめのファンを選定しておくと、回転数を落とすことができるので、静かな製品を作ることができます。

このように、ファンの種類と大きさは、この段階で決まってしまうのです。実験してから慌ててファンを追加したり、ファンの形式を変えてみたり、なんてことはありません。

要点BOX
- ●ファンを選ぶことがまず先決
- ●ファンは見積り計算で選ぶ

ファン選定の流れ

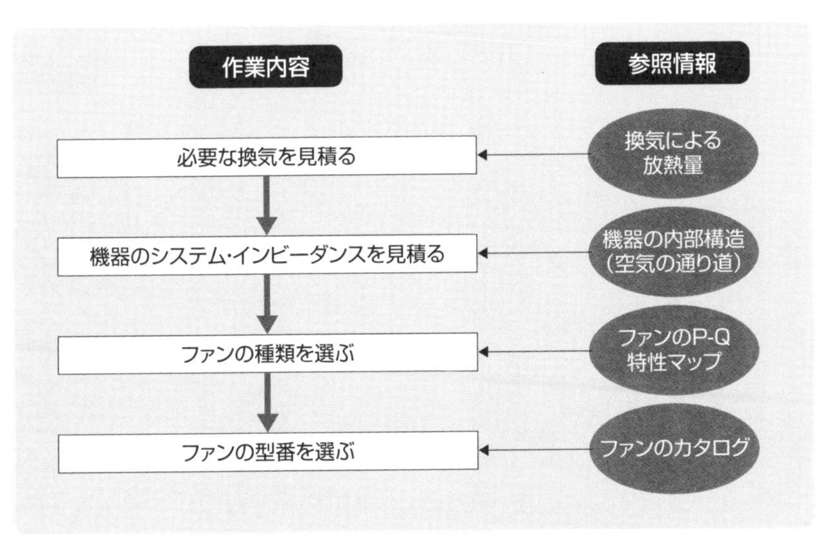

歴代PlayStation®の必要P-Q特性

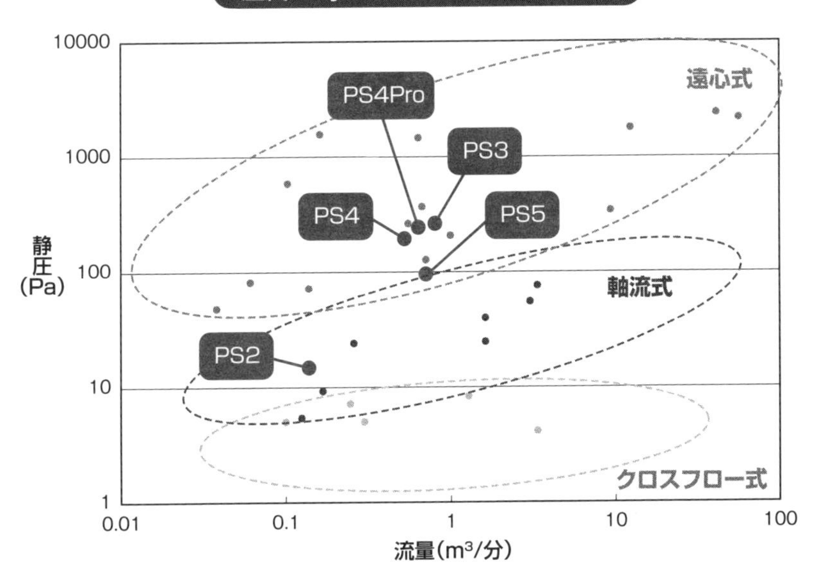

66 自然換気か強制換気か

煙突効果による換気量

PS5のサイズで350Wの冷却能力という製品。この場合「0.73m^3/minの換気が必要」ということがわかりました。先ほど「自然換気は無理！」と書きましたが、本当でしょうか？

P-Q線図を利用すれば、自然換気で大丈夫か、それともファンをつけなければいけないかも見積ることが可能です。

自然換気は「熱い空気は上にいく」という性質を利用しています。この熱く軽い空気を壁で囲い、上面と下面を開放しておくと、更に自然対流が促進されます。これが「煙突効果」です。

PS5くらいのサイズの箱がまるまる煙突になっていると仮定し、どのくらいの流量が得られるかを計算してみましょう。煙突効果がより発揮されるように縦置きとし、その上下の面は完全に開放と仮定します。

まずは底面（吸気口）に発生する静圧を求めます。この圧力が、ファンの代わりに空気を流す原動力となります。

煙突内部の空気温度が60℃、煙突の外の外気温度が40℃とすると、左ページの計算により、静圧は0.26Paになることがわかります。

次に装置のシステム・インピーダンスですが、PS5より更に空気抵抗の小さい、PS2の測定データを使ってみましょう。

マップ上で、煙突効果で得られる0.26Paという静圧がかかったときに、この箱に流れる風量を読み取ると、たった0.018m^3/minです。これに対し必要な換気量は0.73m^3/minですので、まったく足りません！

PS2の発熱量だとしても0.14m^3/minの換気が必要なので、お話になりませんね。

これらの例の場合は、自然換気は不可能で、ファンをつけるしかないという結論になります。

要点BOX
- ●自然換気は煙突効果を利用している
- ●自然換気が足りなければ、ファンをつけるしかない

煙突効果のしくみ

冷たい
重い空気

暖かい
軽い空気

煙突が高いほど
重さの差が大きい

空気の重さのちがいによる
圧力差の発生

外部の空気温度:40℃

260mm

390mm

100mm

上面と底面を開放

煙突効果による静圧[kg/m²]＝
(外部空気密度[kg/m³]ー内部空気密度[kg/m³])×煙突の高さ[m]

$$空気密度[kg/m^3] = 0℃の空気密度[kg/m^3] \times \frac{273.15}{273.15+気温[℃]}$$

煙突効果の見積り

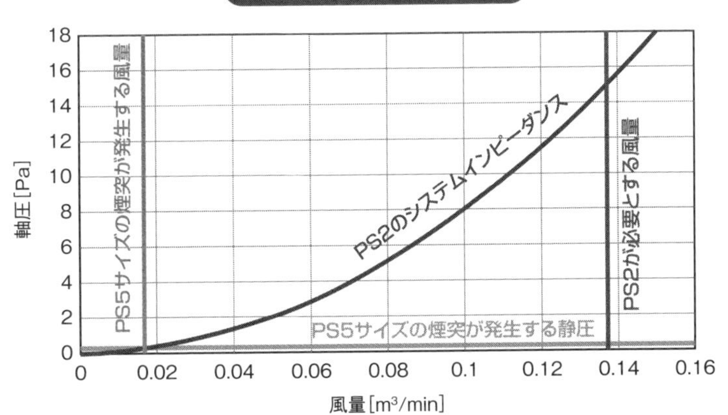

【参考文献】

・国峰尚樹："エレクトロニクスのための熱設計完全入門"、日刊工業新聞社、1997年
・伊藤謹司、国峰尚樹："トラブルをさけるための電子機器の熱対策設計　第2版"、日刊工業新聞社、2006年
・国峰尚樹編著："電子機器の熱流体解析入門"、日刊工業新聞社、2009年
・藤井雅雄著："電気・電子機器冷却のポイント"、日刊工業新聞社、1990年
・国峰尚樹："エレクトロニクスのための熱設計完全制覇"日刊工業新聞社、2018年

今日からモノ知りシリーズ
トコトンやさしい
熱設計の本 第2版

NDC 542.11

2012年 7月18日 初版1刷発行
2022年 3月11日 初版6刷発行
2023年 9月28日 第2版1刷発行

©著者 国峰 尚樹
藤田 哲也
鳳 康宏
発行者 井水 治博
発行所 日刊工業新聞社
東京都中央区日本橋小網町14-1
(郵便番号103-8548)
電話 書籍編集部 03(5644)7490
販売・管理部 03(5644)7403
FAX 03(5644)7400
振替口座 00190-2-186076
URL https://pub.nikkan.co.jp/
e-mail info_shuppan@nikkan.tech
印刷・製本 新日本印刷(株)

●DESIGN STAFF
AD——志岐滋行
表紙イラスト——黒崎 玄
本文イラスト——榊原唯幸
ブック・デザイン —— 矢野貴文
(志岐デザイン事務所)

●
落丁・乱丁本はお取り替えいたします。
2023 Printed in Japan
ISBN 978-4-526-08294-8 C3034

●著者紹介

国峰 尚樹(くにみね なおき)

(kunimine@thermo-clinic.com)
1977年 早稲田大学理工学部卒業、同年沖電気工業(株)入社。
電子交換機の冷却技術開発、パソコン、プリンタ、HDD、デバイス等の熱設計、熱流体解析システムの開発に従事。
2007年 (株)サーマルデザインラボを設立。「熱問題の撲滅」をめざし、東奔西走の日々を送っている。
主な著書に、「エレクトロニクスのための熱設計完全制覇」、「エレクトロニクスのための熱設計完全入門」、「トラブルをさけるための電子機器の熱対策設計」、「電子機器の熱流体解析入門」、「熱設計と数値シミュレーション」などがある。

藤田 哲也(ふじた てつや)

1981年 日本大学理工学部機械工学科卒業
同年 沖電気工業㈱ 電子通信事業部 実装技術部入社
無線/有線伝送装置の実装設計に従事
2002年 ㈱ジィーサス入社
現在 図研テック㈱ 技監

鳳 康宏(おおとり やすひろ)

1993年 東京理科大学 工学部 機械工学科 卒業
同年 ㈱リコー 入社
複写機の設計に従事
1998年 ㈱ソニー・コンピューターエンタテインメント 入社
歴代PlayStation®の設計に従事
現在 ㈱ソニー・インタラクティブエンタテインメント
HW設計部門 メカ設計部 部長